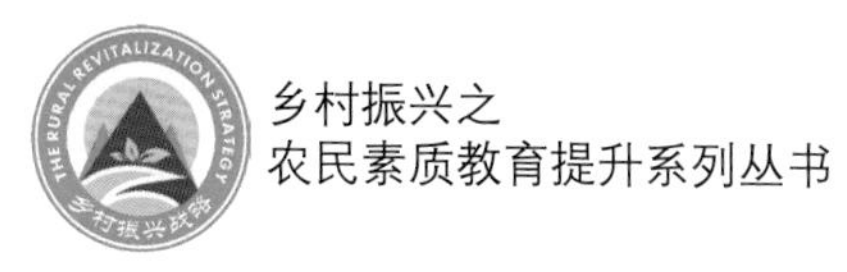

乡村振兴之
农民素质教育提升系列丛书

鸡病诊断与防治彩色图谱

JI BING ZHEN DUAN YU FANGZHI CAISE TUPU

◎刘炜 周志辉 主编

中国农业科学技术出版社

图书在版编目（CIP）数据

鸡病诊断与防治彩色图谱 / 刘炜，周志辉主编 .—北京：中国农业科学技术出版社，2019. 7

乡村振兴之农民素质教育提升系列丛书

ISBN 978-7-5116-4102-1

Ⅰ. ①鸡… Ⅱ. ①刘… ②周… Ⅲ. ①鸡病—诊疗—图谱 Ⅳ. ①S858.31-64

中国版本图书馆 CIP 数据核字（2019）第 058631 号

责任编辑 徐 毅
责任校对 李向荣

出 版 者 中国农业科学技术出版社
北京市中关村南大街12号 邮编：100081
电 话 （010）82106631（编辑室）（010）82109702（发行部）
（010）82109709（读者服务部）
传 真 （010）82106631
网 址 http: // www.castp.cn
经 销 者 全国各地新华书店
印 刷 者 固安县京平诚乾印刷有限公司
开 本 880mm × 1 230mm 1/32
印 张 4.5
字 数 140千字
版 次 2019年7月第1版 2019年7月第1次印刷
定 价 36.00元

《鸡病诊断与防治彩色图谱》

编委会

主　编　刘　炜　周志辉

副主编　薛　霞　杨旭光

杨晓春

编　委　罗士仙　谢　峰

赵广桐

PREFACE 前　言

近年来，中国畜禽养殖业发展迅速，肉蛋奶等主要畜产品产量稳步增加，对提高人民生活水平发挥着越来越重要的作用。与此同时，畜禽疾病的发生日益严重。畜禽疾病种类不仅复杂多样，并呈现混合感染和多重感染等特点，已成为阻碍我国畜禽业发展的重要威胁。积极预防和有针对性地开展治疗，从而降低疾病的发生率，是我国畜禽养殖业健康、稳定、持续发展的迫切需要。为了帮助畜禽养殖者在实际生产中对疾病作出快速、准确的诊断，编者在吸取以往疾病诊治经验的基础上，结合当前的疾病情况，组织编写了一套《畜禽疾病诊治彩色图谱》。

本书为《鸡病诊断与防治彩色图谱》，从鸡的病毒性病、鸡的细菌性病、鸡的寄生虫病、鸡的普通病、鸡的中毒病5类中，选取了45种常见病。每种疾病，以文字结合彩色图片的方式，直观展示了该病的临床症状和病理变化，并提出了诊断和防治方法。语言通俗、篇幅适中、图片清晰、科学实用，可供养鸡户、基层畜牧工作者等人员参考学习。

需要注意的是，本书所用药物及其使用剂量仅供读者参考，不可照搬。在生产实际中，所用药物学名、常用名和实际商品名称有差异，药物浓度也有所不同，建议读者在使用每一种药物之前，参阅产品说明以确认药物用量、用药方法、用药时间及禁忌等。

由于编写时间和水平有限，书中难免存在不足之处，欢迎广大读者批评指正！

编　者

2019年2月

CONTENTS 目 录

第一章 鸡的病毒性病

一、鸡痘

鸡痘是由鸡痘病毒引起的一种急性、高度接触传染性疾病，又称鸡白喉。

（一）流行特点

本病一年四季中都能发生，以夏秋和蚊子活动季节最易流行。各种年龄、性别和品种的鸡都能感染，但以雏鸡和中雏鸡常发病，雏鸡死亡多。高温高湿的季节易发生皮肤型鸡痘；在冬季则以黏膜型（白喉型）鸡痘为多。它主要通过皮肤或黏膜的伤口感染，不能经健康皮肤感染，也不能经口感染。库蚊、疟蚊和按蚊等吸血昆虫在传播本病中起着重要的作用。

（二）临床症状

鸡痘的潜伏期4～50天，根据病鸡的症状和病变，皮肤型、黏膜型和混合型3种病型。

1. 皮肤型

皮肤型鸡痘的特征是在身体无毛或毛稀少的部分，特别是在鸡冠、肉髯、眼睑和喙角，亦可出现于泄殖腔的周围、翼下、腹部及腿等处，产生一种灰白色的小结节，渐次成为带红色的小丘疹，很快增大如绿豆大痘疹，呈黄色或灰黄色，凹凸不平，呈干硬结节，有时和邻近的痘疹互相融合，形成干燥、粗糙呈棕褐色的大的疣状结节，突出皮肤表面。痂皮可以存留3～4周之久，以后逐渐脱落，留下一个平滑的灰白色疤痕。轻的病鸡也可能没有可见疤痕。皮肤型鸡痘一般比较轻微，没有全身性的症状。但在严重病鸡中，尤以幼雏表现出精神萎靡、食欲消失、体重减轻等症状，甚至引起死亡。产蛋鸡则产蛋量显著减少或完全停产（图1-1至图1-4）。

2. 黏膜型（白喉型）

此型鸡痘的病变主要在口腔、咽喉和眼等黏膜表面，气管黏膜出现痘斑。初为鼻炎症状，2～3天后先在黏膜上生成一种黄白色的小结节，稍突出于黏膜表面，以后小结节逐渐增大并互相融合在一起，形成一层黄白色干酪样的假膜，覆盖在黏膜上面。这层假膜由坏死的黏膜组织和炎性渗出物质凝固而形成，很像人的“白喉”，故称白喉型鸡痘或鸡白喉。如果用镊子撕去假膜，则露出红色的溃疡面。随着病的发展，假膜逐渐扩大和增厚，阻塞口腔和咽喉部位，使病鸡尤以幼雏鸡呼吸困难。

3. 混合型

混合型是指病鸡同时受到皮肤型和黏膜型的侵害。

图1-1 皮肤型：头面部痘疹

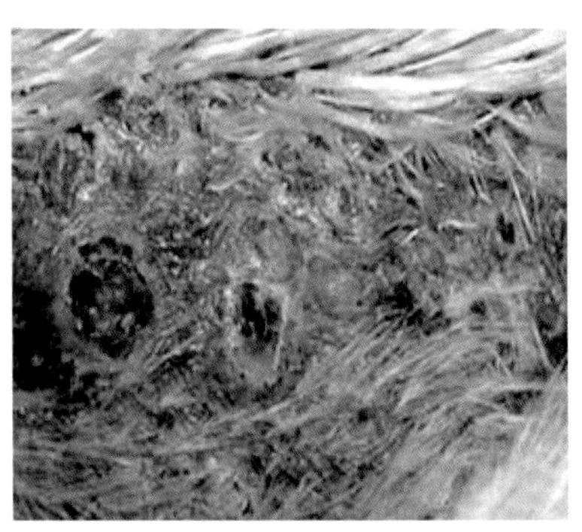

图1-2 皮肤型：胸背部皮肤的痘疹和痘痂

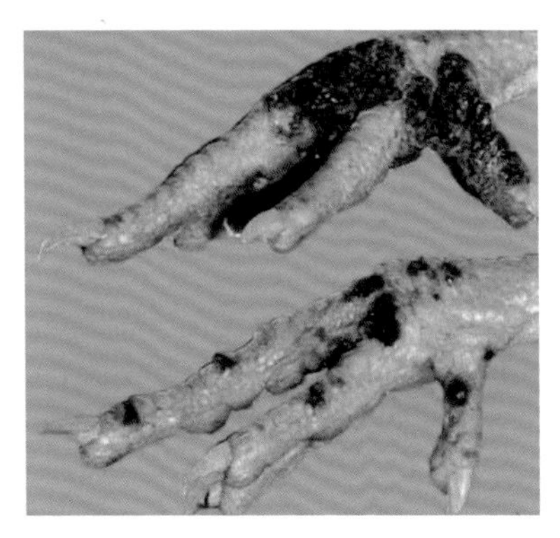

图1-3 皮肤型：趾部的痘痂

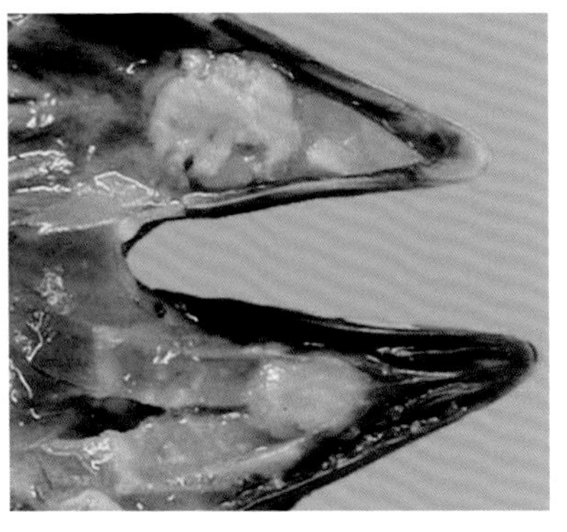

图1-4 黏膜型：口腔黏膜痘斑

（三）病理变化

皮肤型鸡痘的特征性病变是局灶性表皮和其下层的毛囊上皮增生，形成结节。结节起初表现湿润，后变为干燥，外观呈圈形或不规则形，皮肤变得粗糙，呈灰色或棕色。结节干燥前切开，切面出血、湿润，结节结痂后易脱落，出现瘢痕。

黏膜型鸡痘病变出现在口腔、鼻、咽、喉、眼或气管黏膜上，黏膜表面稍微隆起白色结节，以后迅速增大，并常融合而成黄色、奶酪样坏死的伪白喉或白喉样膜，将其剥去可见出血糜烂，炎症蔓延可引起眶下窦肿胀和食管发炎（图1-5、图1-6）。

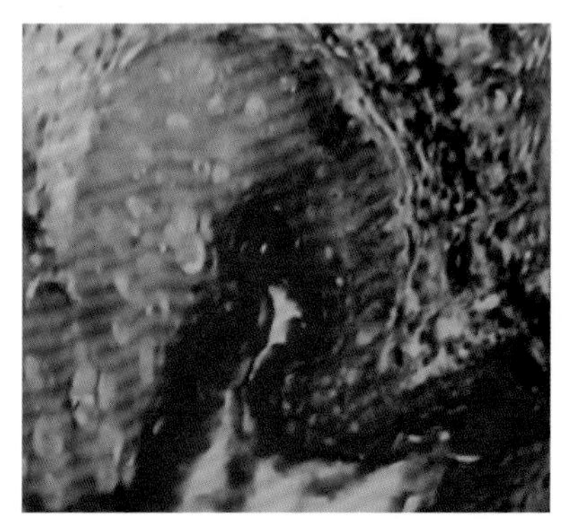

图1-5　毛囊上皮增生

图1-6　黏膜表面稍微隆起白色结节

（四）诊断方法

根据特征性的皮肤和黏膜上的结节、疤痕等病变，结合流行特点诊断。

（五）防治方法

1. 预防

鸡痘的预防，除了加强鸡群的卫生、管理等一般性预防措施之外，可靠的办法是使用鸡痘鹌鹑化弱毒疫苗接种。多采用翼翅刺种法。第一次免疫在10～20天，第二次免疫在90～110天，刺种后7～10天观察刺种部位有无痘痂出现，以确定免疫效果。生产中可以使用连续注射器翼部内侧无血管处皮下注射0.1mL疫苗，方法简单确切。有的肌内注射，试验表明保护率只有60%左右。

2. 治疗

（1）对症疗法。目前尚无特效治疗药物，主要采用对症疗法，以减轻病鸡的症状和防止并发症，皮肤上的痘痂，一般不做治疗，必要时，可用清洁镊子小心剥离，伤口涂碘酒、红汞或紫药水。对白喉型鸡痘，应用镊子剥掉口腔黏膜的假膜，用1%高锰酸钾洗后，再用碘甘油或氯霉素、鱼肝油涂擦。病鸡眼部如果发生肿胀，眼球尚未发生损坏，可将眼部蓄积的干酪样物排出，然后用2%硼酸溶液或1%高锰酸钾冲洗干净，再滴入5%蛋白银溶液。剥下的假膜、痘痂或干酪样物都应烧掉，严禁乱丢，以防散毒。

（2）紧急接种。发生鸡痘后也可视鸡日龄的大小，紧急接种新城疫Ⅰ系或新城疫Ⅳ系疫苗，以干扰鸡痘病毒的复制，达到控制鸡痘的目的。

（3）防止继发感染。发生鸡痘后，由于痘斑的形成造成皮肤外伤，这时易继发引起葡萄球菌感染，而出现大批死亡。所以，大群鸡应使用广谱抗生素如0.005%环丙沙星或培氟沙星、恩诺沙星或0.1%氯霉素拌料或饮水，连用5～7天。

二、鸡新城疫

鸡新城疫是由病毒引起的一种急性败血性传染病，俗称“鸡瘟”。

（一）流行特点

各种日龄的鸡均可感染发病，以幼鸡最易感。本病的传染源主要是病鸡和带毒鸡，通过饲养员及被病毒污染的饲料、饮水、用具、空气，以及其他动物的引入等均可造成鸡新城疫的发生和流行，其中，野鸟的作用不可忽视。病毒的传播以接触传染为主。本病一年四季均可发生，但以冬春季节发生较多。发病率和病死率与病毒的毒力、鸡群的日龄、免疫状况、饲养状况及疾病的并发情况密切相关。

（二）临床症状

鸡新城疫潜伏期一般为3～5天，根据临床表现和病程，可分为最急性、急性和慢性3型。

1. 慢性型

病初症状与急性大致相同，不久出现神经症状，腿、翅麻痹，跛行或卧地。头颈向后或向一侧扭转，常伏地旋转，动作失调，反复发作，终于瘫痪或半瘫痪。一般经10～20天死亡。此型多发生于流行后期的成年鸡、免疫接种质量不高或免疫有效期接近末尾的鸡群。

2. 急性型

病初体温高达43～44℃，突然减食或不食，鸡冠和肉垂呈深红色或紫黑色。精神委顿，离群呆立，垂头缩颈或翅膀下垂，倦怠嗜睡。腹泻，粪便呈黄绿色或黄白色，有时混有血液。病鸡口、鼻、咽、喉头积聚大量黏液，摇头频咽，张口呼吸，并发出咯咯的喘鸣声或尖锐的叫声和咳嗽。嗉囊内充满液体和气体，倒提时有大量液体从口内流出。有的鸡还出现翅、腿麻痹等神经症状。病的后期，体温下降，不久死亡。病程多为2～5天。

3. 最急性型

病鸡常无任何症状突然死亡。多见于流行初期和雏鸡（图1-7至图1-10）。

图1-7　张口呼吸

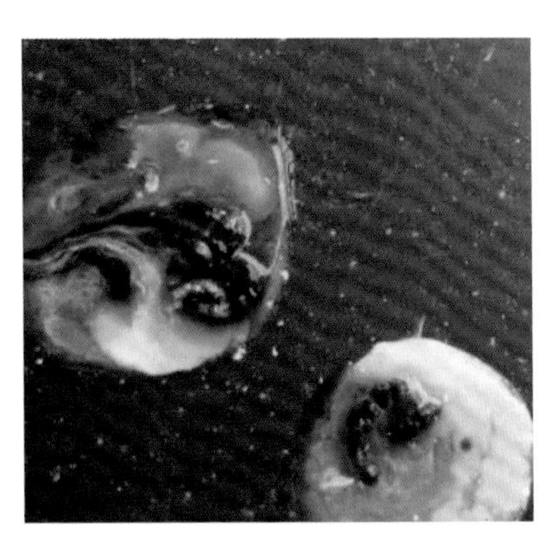

图1-8　稀薄粪便

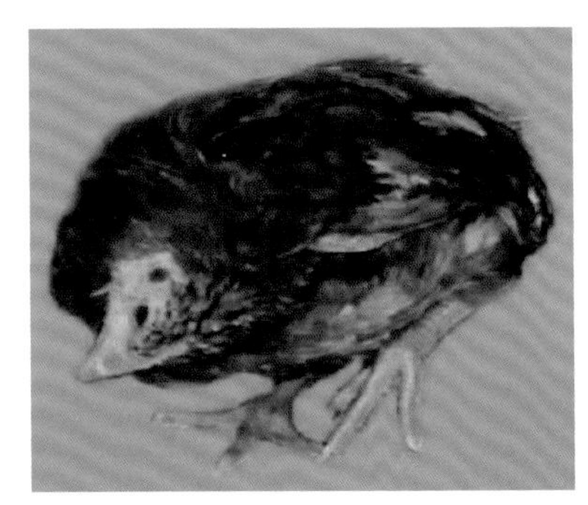

图1-9　脖颈扭曲

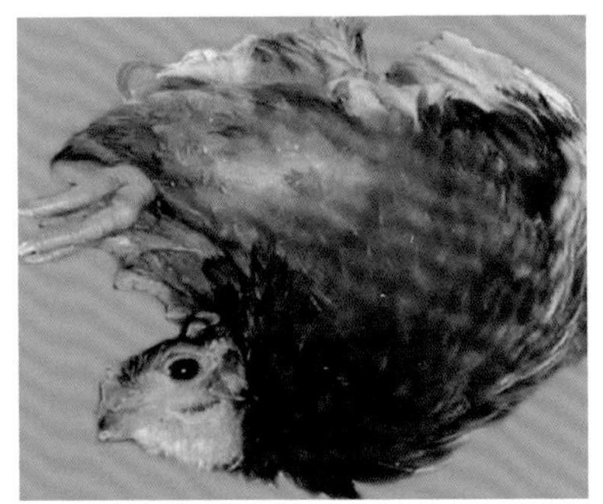

图1-10　倒地挣扎

（三）病理变化

（1）呼吸系统。气管充血变红（气管炎），肺泡感染（肺炎），并发慢性呼吸道疾病。

（2）消化系统。腺胃乳头有出血点，肠道感染出血，盲肠扁桃体出血。

（3）生殖系统。卵泡萎缩，卵黄破裂（图1-11、图1-12）。

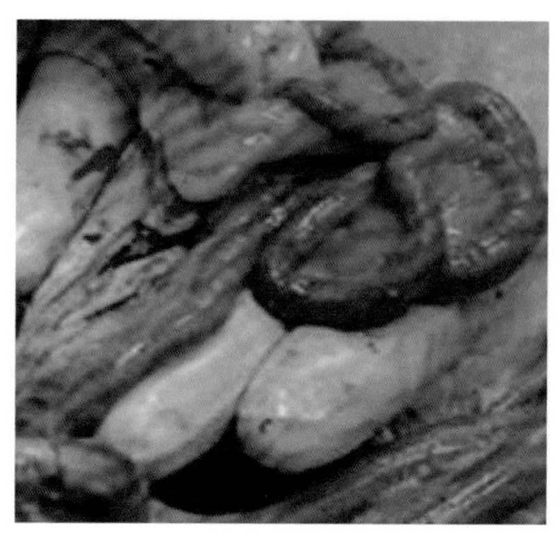

图1-11　肠道感染出血

图1-12　腺胃乳头有出血点

（四）诊断方法

当鸡群突然采食量下降，出现呼吸道症状和拉绿色稀粪，成年鸡产蛋量明显下降，应首先考虑到新城疫的可能性。通过对鸡群的仔细观察，发现呼吸道、消化道及神经症状，结合尽可能多的临床病理学剖检，如见到以消化道黏膜出血、坏死和溃疡为特征的示病性病理变化，可初步诊断为新城疫。确诊要进行病毒分离和鉴定。也可通过血清学诊断来判定。

（五）防治方法

预防本病应采用疫苗接种。新城疫疫苗有两大类，一类是活疫苗，其中，有中等毒力的Ⅰ系苗和弱毒疫苗（如Ⅳ系苗、Ⅱ系苗和克隆-30等）；另一类是油佐剂灭活苗。鸡群的免疫应根据雏鸡的母源抗体水平确定首免时间，以后根据疫苗接种后的抗体滴度确定加强免疫的时间。大中型鸡场一般在10日龄时用弱毒疫苗滴鼻或点眼，25日龄时用同样的疫苗肌内注射进行二免，并同时注射油佐剂灭活苗。应利用监测手段掌握抗体水平，若在70～90

日龄时抗体水平偏低，可再补做1次弱毒苗的气雾免疫，17周龄时再进行1次油佐剂灭活苗加强免疫。

发病时应将病（死）鸡深埋或焚烧处理，严格消毒场地、物品和用具。根据具体情况可进行紧急接种，雏鸡用新城疫弱毒疫苗Ⅳ系或Ⅱ系稀释20倍后滴鼻，中雏（50日龄以上）可肌注2倍量的Ⅰ系苗。紧急接种会加速一部分感染鸡的死亡，但整个鸡群在紧急接种后1周左右停止死亡。也可对病鸡注射抗新城疫高免卵黄抗体（每瓶加入青霉素钠800万单位和链霉素500万单位），每羽1～2mL，同时，应用抗病毒药（利巴韦林或禽泰克等）和抗生素（如氟哌酸或恩诺沙星，每50kg饲料中加入5g），可在一定程度上控制疫情。

三、禽流感

鸡流感是由禽流感病毒引起的一种疫病综合征。根据禽流感病毒致病力的不同，可以分为非致病性禽流感、低致病性禽流感和高致病性禽流感。高致病性禽流感由H5和H7亚型禽流感病毒引起，多表现高发病率和高死亡率，已被世界动物卫生组织规定为A类传染病，我国也将其列为一类疫病。

（一）流行特点

不同日龄、不同品种、不同性别的鸡均可感染发病，野禽中储存的流感病毒或病（死）禽的分泌物和排泄物是主要的传染源，被污染的水源可能长期存有流感病毒，可感染其他鸡群或水禽。该病可通过直接或间接接触传染，也可通过带毒种蛋、鸡胚和精液等垂直传播。此外，吸血昆虫也可传播该病。该病多发于冬春季节，其他季节也有发生。

（二）临床症状

病鸡的临床症状与感染的禽流感病毒的毒力、感染鸡的品种及日龄、有无并发或继发感染、应激、鸡群的饲养管理水平、营养状况等有关，目前临床上将其分为典型和非典型禽流感2种。

典型禽流感是由H5N1、H7N7亚型高致病性禽流感病毒引起。最急性病例往往无先兆症状而突然死亡。急性病例潜伏期短，多为突然发病，饲料和饮水量急剧下降，发病率、病死率几乎为100%；蛋鸡发病时，产蛋率急剧下降，甚至停产。病程稍长时，病鸡体温明显升高（达43℃以上），精神极度沉郁，鸡冠、肉垂和眼睑水肿，鸡冠和肉垂发绀呈紫红色或紫黑色，脚部鳞片出血呈紫黑色。有的病鸡出现神经症状，共济失调。

非典型禽流感是由中等毒力以下禽流感病毒引起的，以呼吸道症状为主。感染鸡发病缓和，病程稍长，精神及食欲较差，消瘦，产蛋率下降，伸颈张口、鼻窦肿胀（图1-13至图1-18）。

图1-13　最急性病例

图1-14　急性病例

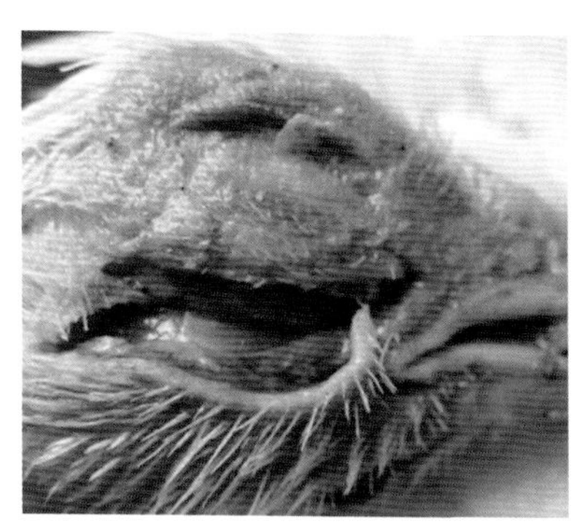

图1-15　头面部肿胀

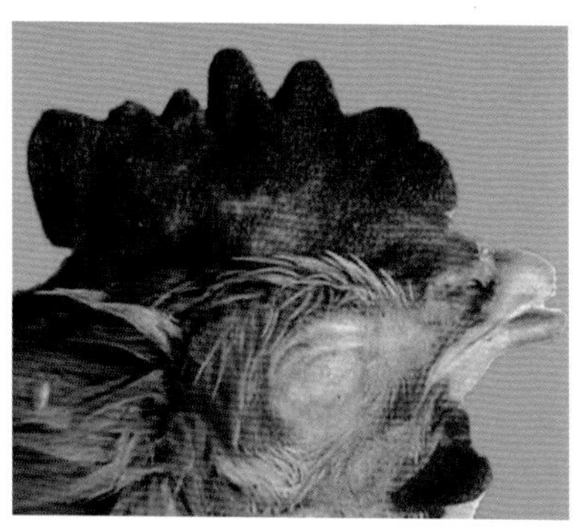

图1-16　冠髯肿胀发绀

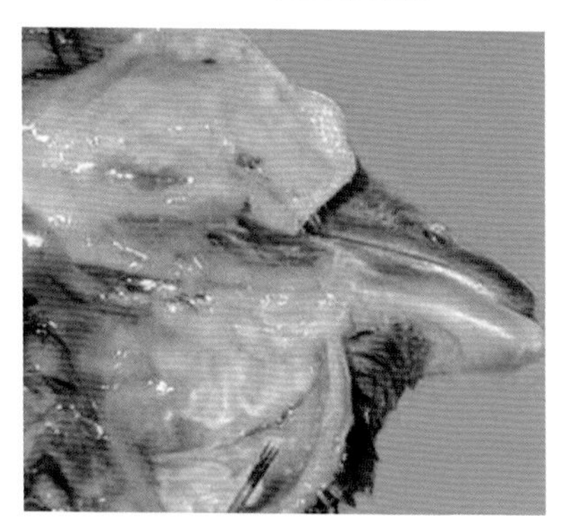

图1-17　头部皮下有淡黄色胶冻样渗出物

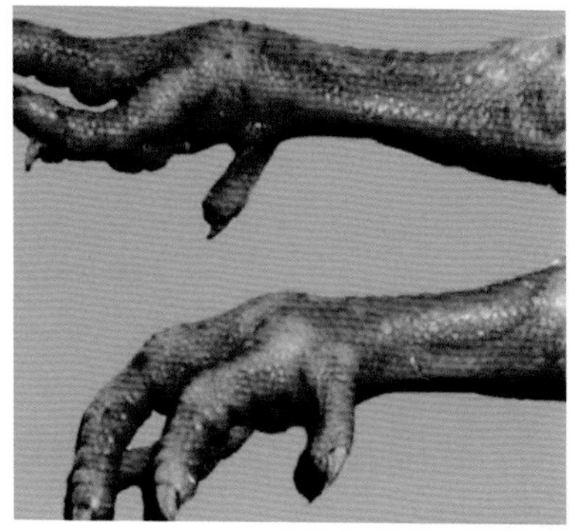

图1-18　腿部皮下出血

（三）病理变化

该病主要为胸部或腿部肌肉有散在的小出血点；腺胃乳头出血、腺胃和肌胃的交界处黏膜出血；消化道黏膜广泛出血，尤其是十二指肠黏膜和盲肠扁桃体出血更为明显；呼吸道黏膜充血、出血；心冠脂肪、心肌出血，心肌外观呈条纹状坏死；肝脏、脾脏、肺脏、肾脏、胰腺出血，胰腺表面有少量的白色或淡黄色坏死点。在蛋鸡或种鸡，卵泡充血、出血、萎缩，输卵管内可见乳白色分泌物或凝块，有的见卵泡破裂引起的卵黄性腹膜炎（图1-19）。

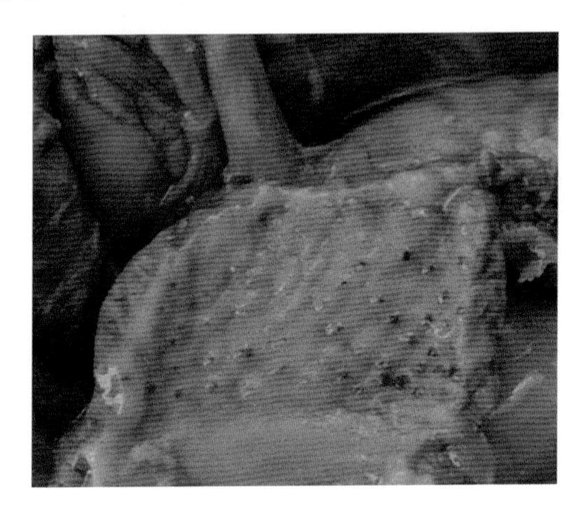

图1-19　腺胃乳头出血

（四）诊断方法

根据特征性临床症状和剖检病变，结合流行病学特点，该病一般较易作出初诊。需确诊时要进行病毒的分离鉴定、血清学或分子生物学检测。

在临床诊断中，该病常与新城疫、传染性支气管炎、传染性喉气管炎、传染性鼻炎、霉形体病等病有某些相似的表现，可根据各自的临床特点及实验室检测结果加以区别。

（五）防治方法

对于高致病性鸡流感的防治原则，应采取“扑杀为主，免疫为辅”的综合性防治措施。

在没有发生过高致病性鸡流感的地区或曾发生、但已扑杀的地区，应加强动物防疫工作，定期检测鸡群，以防疫情传入。不应使用H5或H7以及其他高致病力亚型的流感疫苗。一旦发生高致病性鸡流感，应及时上报有关主管部门，并迅速采取封锁、扑杀、无害化处理及严格消毒等措施。在疫区或受威胁区，要进行紧急免疫接种经农业部批准使用的鸡流感疫苗，于10～12日龄首免，35～40日龄二免，产蛋鸡于开产前2～4周再免1次，以后每半年免疫1次。

对于低致病性鸡流感，应采取“免疫为主，治疗、消毒、改善饲养管理和防止继发感染为辅”的综合措施。目前，市面上的利巴韦林、金刚烷胺（每50L饮水中加入1g）、禽泰克（每50L饮水中加入50g）等抗病毒药及多种清热解毒、止咳平喘的中成药（根据各自的用药说明书使用），对该病有一定的治疗作用。

四、禽白血病

禽白血病是由C型反录病毒群引起的禽类多种肿瘤性疾病的统称，主要是淋巴细胞性白血病，其次是成红细胞性白血病、成髓细胞性白血病。此外，还可引起骨髓细胞瘤、结缔组织瘤、上皮肿瘤、内皮肿瘤等。由于这些病毒对鸡能引起许多具有传染性的良性和恶性肿瘤，因此，常把它们列在一起，称为禽白血病/肉瘤病毒。

（一）流行特点

该病以垂直传播为主，其他传播途径次之，发病一般在16～30周龄，发病呈持续性，不间断出现死亡，尤其是开产后。多呈慢性经过，散发，感染率较高，发病率很低。病鸡和带毒鸡是重要的传染源，尤其是带毒鸡在该病的传播上起着重要作用。鸡蛋中带毒孵出的病雏亦带毒，它再与健康雏鸡密切接触时就有可能传染给健康雏鸡。先天性感染的雏鸡常有免疫耐受现象，它不产生抗肿瘤病毒免疫抗体，长成母鸡后长期带毒排毒，成为重要的传染源。

（二）临床症状

发病鸡群生长发育不好，蛋鸡群产蛋率明显低于标准水平。病鸡食欲减退，嗜睡，消瘦，趾爪间出现肿瘤，鸡冠及肉垂苍白，羽毛无光泽，蛋鸡产蛋停止，病程较长，最后衰竭而死（图1-20、图1-21）。

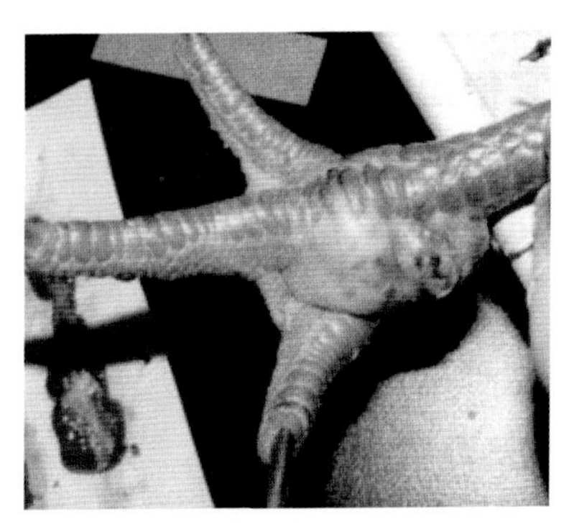

图1-20　趾爪间出现肿瘤

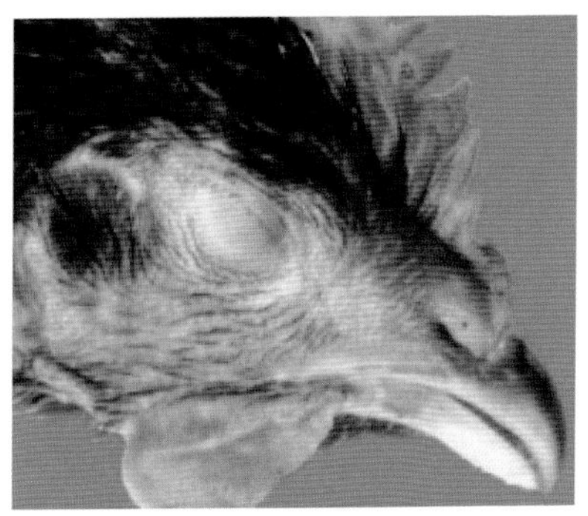

图1-21　鸡冠及肉垂苍白

（三）病理变化

1. 内脏肿瘤

心、肝、脾、肾、法氏囊等形成弥漫性或结节性肿瘤病灶，肿瘤表面灰白色，柔软平滑有光泽，切面呈脂肪样。形成肿瘤的脏器质地变脆，体积增大数倍，肝脏肿大后常覆盖整个腹腔，故本病又称为大肝病。

2. 血管瘤

血管瘤多见于4月龄以上的鸡，常单个发生于皮肤上，出现在头、颈、胸、翅膀或脚趾等处，隆起于皮肤表面，黄豆至小指肚大小，呈暗红色，进而形成火山口状肿瘤，有时肿瘤自溃而流血不止，流出的血液黏附在破溃血管瘤周围的羽毛上。

3. 骨硬化病

骨硬化病较少见，见于3月龄以上的鸡，脚和双翼及全身的骨骼都会肿大，管状骨肥大较为明显，特征性症状为跖骨中段增生膨大，像穿上靴子样（图1-22、图1-23）。

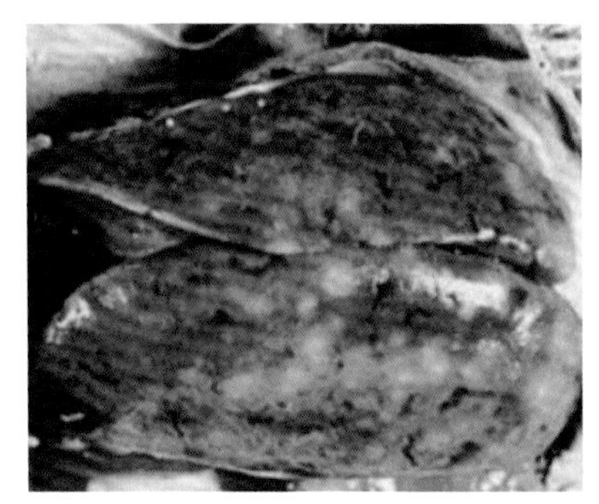

图1-22　肝脏上出现肿瘤

图1-23　血液凝固不良

（四）诊断方法

根据特征性的肿瘤可作出初步诊断，确诊必须进行实验室诊断。鉴别诊断应注意与马立克病和网状内皮组织增殖病相区别。

（五）防治方法

目前既无商品化疫苗，也没有有效的药物可以治疗。控制的方法只能采用净化鸡群的方式，一旦发现该病的疑似病例，应立即隔离、消毒，通过检测及时淘汰污染鸡；严重污染的祖代鸡群应及时淘汰，多留健康的后备种公鸡，以减小本病带来的损失。

蛋鸡用鱼肝油饮水，能够缓解病情，减少死亡。血管瘤病鸡群在饲料中添加维生素K_3粉、维生素B_{12}粉，连续应用15～20天，可减少死亡率。

五、马立克氏病

鸡马立克氏病是由疱疹病毒引起的一种淋巴组织增生性疾病。

（一）流行特点

传染源为病鸡和带毒鸡（感染马立克病的鸡，大部分为终生带毒），其脱落的羽毛囊上皮、皮屑和鸡舍中的灰尘是主要传染源。此外，病鸡和带毒鸡的分泌物、排泄物也具传染性。

病毒主要经呼吸道传播。本病主要感染鸡，不同品系的鸡均可感染。火鸡、野鸡、鹌鹑、鹧鸪可自然感染，但发病极少。

本病具有高度接触传染性，病毒一旦侵入易感鸡群，其感染率几乎可达100%。本病发生与鸡年龄有关，年龄越轻，易感性越高，因此，1日龄雏鸡最易感。本病多发于5～8周龄的鸡，发病高峰多在12～20周龄。我国地方品种鸡较易感。

（二）临床症状

鸡马立克氏病在临诊上可分为3种类型：神经型（古典型）、内脏型（急性型）和眼型。

1. 神经型

神经型主要侵害外周神经，由于所侵害神经部位不同，症状也不同。以侵害坐骨神经最为常见，表现为一侧较轻一侧较重。病鸡步态不稳，开始不全麻痹，后则完全麻痹，不能站立，蹲伏或呈一腿伸向前方另一腿伸向后方的特征性姿态。臂神经受侵时则被侵侧翅膀下垂。当支配颈部肌肉的神经受侵时，病鸡发生头下垂或头颈歪斜。当迷走神经受侵时，可引起失声、嗉囊扩张和呼吸困难。腹神经受侵时常有拉稀症状。上述症状易于发现，可发生于不同个体，也可发生于同一个体。病鸡采食困难、饥饿、脱水、消瘦，最后衰竭死亡（图1-24至图1-26）。

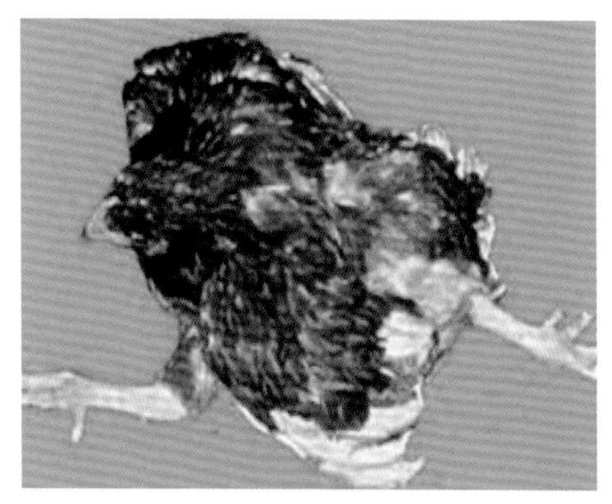

图1-24　劈叉姿势

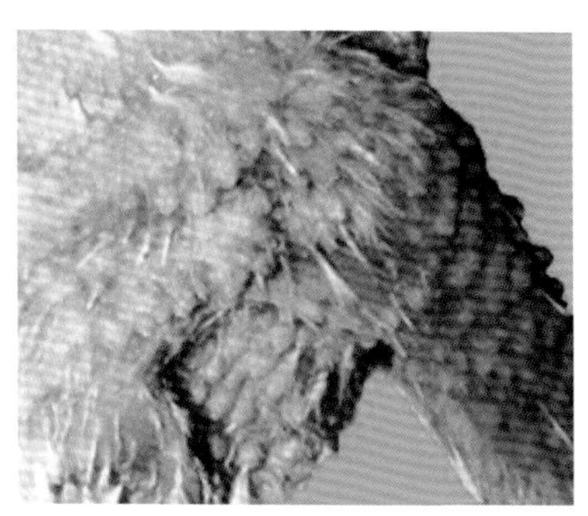

图1-25　肿瘤结节

2. 内脏型

这一型多呈急性暴发，病性急骤，开始时以大批鸡精神委顿为特征。几天后部分病鸡出现共济失调，随后出现单侧或双侧肢体麻痹。部分病鸡死亡而无特征临诊症状。很多病鸡表现脱水、消瘦和昏迷。

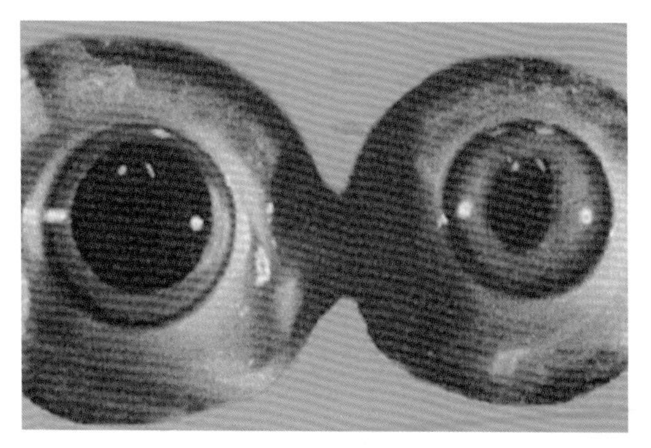

图1-26　眼型：虹膜褪色，瞳孔缩小，边缘不整

3. 眼型

该病型出现于单眼或双眼，视力减退或消失。虹膜失去正常色素，呈同心环状或斑点状以致弥漫的灰白色。瞳孔边缘不整齐，到严重阶段瞳孔只剩下针尖大小的孔。

上述各型的临诊表现经常可以在同一鸡群中存在。鸡马立克氏病还伴有体重减轻、鸡冠及肉垂苍白、食欲减退和下痢等非特征性症状，病程长的鸡尤其如此。在商业鸡群，死亡常由饥饿和脱水直接造成，因为病鸡多肢体麻痹不能接近饲料和饮水。同栏鸡的踩踏也是致死的直接原因。

（三）病理变化

内脏型者肝、脾、肾明显肿大，其上散布或多或少，大小不等的乳白色肿瘤结节。肿瘤切面呈油脂状。卵巢肿瘤如肉团，有的卵巢肿大，肉样，失去皱褶，原始卵泡少或消失。大者如核桃、似肉团。腺胃肿厚，乳头消失，黏膜坏死小肠黏膜肿瘤性白斑腺胃肿火、壁厚，黏膜乳头多融合成大的结节。有的病例尚可见肌肉肿瘤，心、肺肿瘤和小肠黏膜肿瘤性白斑。一侧坐骨神经肿粗神经型者多见一侧神经（如腰间神经、坐骨神经）肿粗，少数病例见迷走神经肿粗（图1–27、图1–28）。

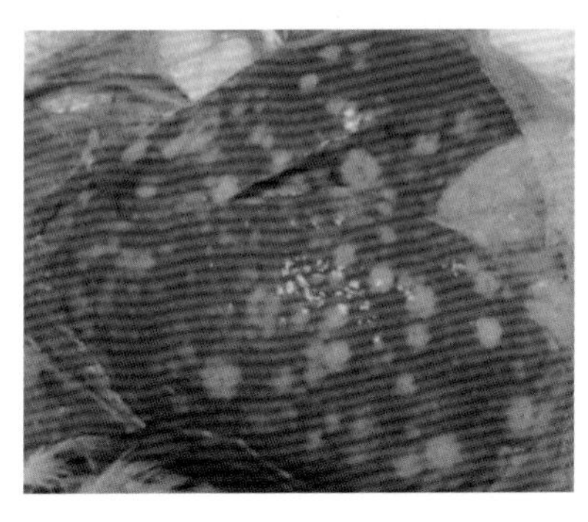
图1–27　肝脏上的乳白色肿瘤结节

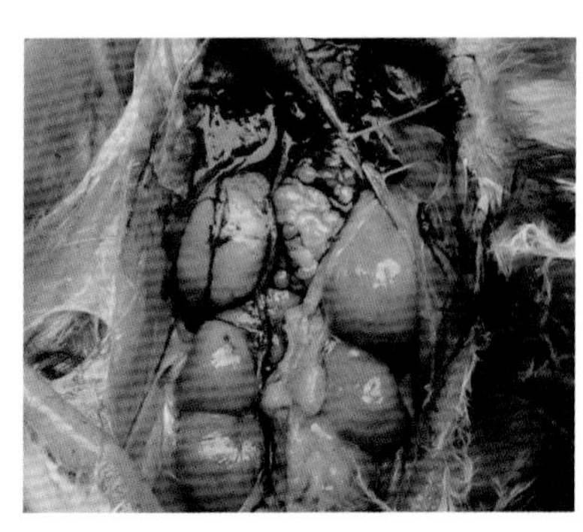
图1–28　卵巢肿大

（四）诊断方法

（1）根据典型临床症状和病理变化可作出初步诊断，确诊需进一步做实验室诊断。

（2）实验室诊断。

病原分离与鉴定：采血分离白细胞，接种敏感细胞，在几天内会出现特征性的蚀斑。放射性沉淀试验（检测感染鸡羽髓）、聚合酶链反应试验。

血清学检查：琼脂扩散试验、直接或间接荧光试验、中和试验、酶联免疫吸附试验。

病料采集：用于分离病毒的材料可以是从抗凝血中分离的白细胞，也可是淋巴瘤细胞或脾细胞悬液。也可采用羽髓作为MDV诊断和分离的材料。

（五）防治方法

目前，对鸡马立克氏病尚无有效的治疗药物，主要依靠预防，根据国内防治本病的经验，应做好以下几个方面的工作。

（1）最好是自繁自养，并实行全进全出的饲养方法。引入种雏鸡，则必须了解原鸡场的疫病情况，切不可从病鸡场引进鸡只，或购进种蛋自行孵化。

（2）严格按疫苗说明书进行操作，注意疫苗的保存，稀释和注射过程中应注意的问题。

（3）疫苗接种后进行隔离饲养，鸡舍要严格净化消毒，排出野毒和超强毒的存在。

（4）疫苗接种越早越好，一般1日龄进行；疫苗现配现用，稀释后1小时内用完，避免阳光照射。

（5）变异病毒株可使用火鸡疱疹病毒FC126株和鸡的不致病疱疹病毒SB-1株联合疫苗或鸡的强毒减弱Rispens病毒株

（CV1988）疫苗。

（6）为防止母源抗体的影响，不同代次鸡群应交替使用Ⅲ和Ⅱ型或Ⅰ型致弱疫苗，（如亲代用Ⅱ型，子代用Ⅲ型），也可使用联苗Ⅰ型+Ⅲ型、Ⅰ型+Ⅲ型或Ⅰ型+Ⅱ型+Ⅲ型。

（7）鸡场卫生环境不理想或受疫情感染时，可加倍量注射，或2周内进行重复注射。

（8）种蛋要经彻底消毒方可入孵，并要搞好孵化厅的卫生工作，孵化器和出雏器要严格消毒，以防止含有病毒的杂物污染蛋壳，从而污染雏鸡。

（9）注射器和针头要进行高压消毒或煮沸消毒，但不能使用消毒药物消毒，以免使疫苗受到破坏。

六、传染性法氏囊病

鸡传染性法氏囊病又名腔上囊炎、传染性囊病，是由病毒引起的雏鸡的一种急性高度接触性传染病，临床上以法氏囊肿大、肾脏损害为特征。

（一）流行特点

3～6周龄的鸡对本病易感，3周龄以下的雏鸡受感染后不表现临床症状，但引起严重的免疫抑制，火鸡和鸭也能自然感染。

该病是高度接触性传染的，病毒能持续存在于鸡舍的环境中。饲养过病鸡的鸡舍在清除病鸡之后的54～122天，对其他鸡仍有感染性。病鸡舍的小粉甲虫、蚊子、鼠等均有感染性。

经呼吸道、消化道及种蛋可感染本病，经常是通过被污染的饲料、饮水、垫料、粪便、尘土、鸡舍用具、人员衣服、昆虫等途径而传播。各种品种的鸡均可感染，来航鸡尤为易感，在易感鸡群中，感染率高达100%，发病率为7%～10%，有时达30%以上，死亡率不定，但在来航鸡可能高达50%。

本病无明显的季节性，一年四季均可发生。

（二）临床症状

在易感鸡群中，本病往往突然发生，潜伏期短，感染后2～3天出现临床症状，早期症状之一是鸡啄自己的泄殖腔现象。发病后，病鸡下痢，排浅白色或淡绿色稀粪，腹泻物中常含有尿酸盐，肛门周围的羽毛被粪污染或沾污泥土。随着病程的发展，饮、食欲减退，并逐渐消瘦、畏寒，颈部躯干震颤，步态不稳，行走摇摆，体温正常或在疾病末期体温低于正常，精神委顿，头下垂眼睑闭合，羽毛无光泽，蓬松脱水，眼窝凹陷，最后极度衰竭而死。5～7天死亡达到高峰，以后开始下降。病程一般为5～7天，长的可达21天（图1-29、图1-30）。

图1-29　排浅白色稀粪

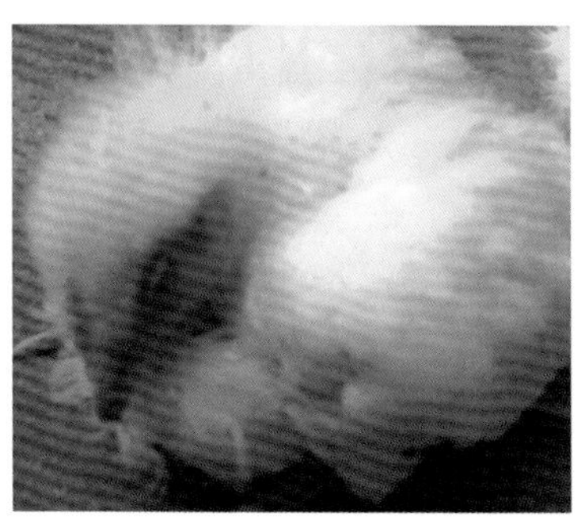

图1-30　羽毛蓬松脱水

（三）病理变化

死于感染的鸡呈现脱水、胸肌发暗，股部和胸肌常有出血斑、点，肠道内黏液增加，肾脏肿大、苍白，小叶灰白色，有尿酸盐沉积。

法氏囊是病毒的主要靶器官，感染后4～6天法氏囊出现肿大，有时出血带有淡黄色的胶冻样渗出液，感染后7～10天发生法氏囊萎缩。变异毒株引进的法氏囊的最初肿大和胶冻样黄色渗出液不明显，只引起法氏囊萎缩。超强毒株引起法氏囊严重的出血、瘀血，呈“紫葡萄样”外观。受感染的法氏囊常有坏死灶，有时在黏膜表面有点状出血或瘀血性出血，偶尔见弥漫性出血。

脾脏可能轻度肿大，表面有弥散性灰白的小点坏死灶。偶尔在前胃和肌胃的结合部黏膜有出血点（图1-31、图1-32）。

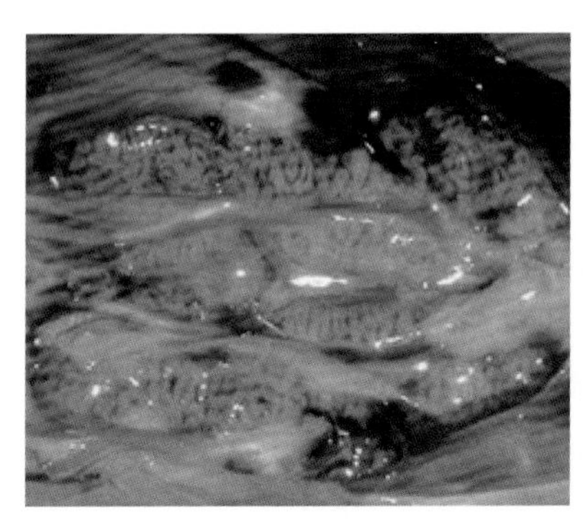

图1-31　肾脏肿大、苍白

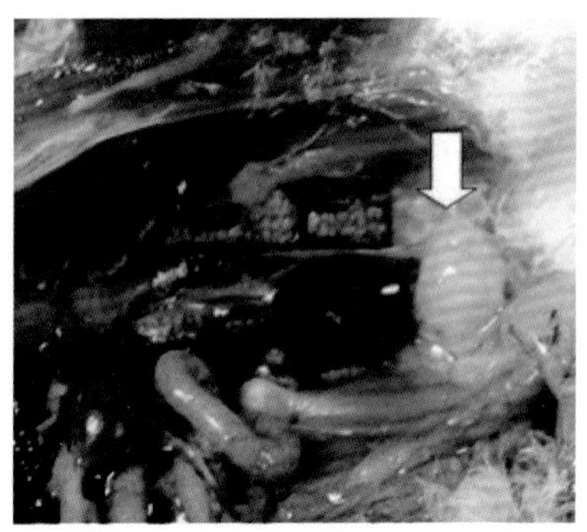

图1-32　法氏囊肿大、发黄

（四）诊断方法

根据该病的流行病学、临床特征（迅速发病、高发病率、有明显的尖峰死亡曲线和迅速康复）和肉眼病理变化可作出初步诊断，确诊仍需进行实验室检验。

（五）防治方法

对雏鸡进行免疫接种。目前雏鸡常用的活疫苗主要是中等毒力疫苗，接种后对法氏囊有轻度损伤。一般在10～12日龄对雏鸡进行点眼、滴鼻或饮水免疫，对雏鸡具有较好的免疫保护作用。

提高种鸡的母源抗体水平。种鸡群在18～20周龄和40～42周龄经2次接种IBD油佐剂灭活苗后，可产生高抗体水平并传递给子代，使雏鸡获得较整齐和较高母源抗体，在2～3周龄内得到较好的保护，防止雏鸡早期遭受感染。

对于发病的鸡群，应用抗法氏囊高疫血清或高免卵黄抗体紧急接种注射，具有良好的疗效，可以迅速控制本病的流行，与此同时，应用5%葡萄糖供鸡群饮用，可有助于病鸡的康复。

七、传染性支气管炎

鸡传染性支气管炎是由鸡传染性支气管炎病毒引起的鸡的一种急性、高度接触性传染病毒性疾病。

（一）流行特点

本病只发生于鸡，不同年龄、品种鸡均易感，但以1～4日龄鸡最易感染。

病鸡是主要传染源，康复鸡35天后对易感鸡无传染性。本病的主要传播方式是病鸡从呼吸道排出病毒，经空气飞沫传染易感鸡；通过污染的饲料、饮水、用具等也能经消化道传染。本病能在一群鸡中迅速传播，易感鸡与病鸡同舍饲养，在48小时内即可出现症状。另外，感染株的毒力，鸡群的年龄、免疫状态、应激等都会影响发病率和死亡率。

本病传播迅速，一旦感染，可很快传播全群。一年四季均可发病，但以气候寒冷的季节多发。

（二）临床症状

本病潜伏期1～7天，平均3天。不同的血清型感染后出现不同的症状。

1. 呼吸型

病鸡无明显的前驱症状，常突然发病，出现呼吸道症状，并迅速波及全群。幼雏表现为伸颈、张口呼吸、咳嗽，有“咕噜”音，尤以夜间最清楚。随着病情的发展，全身症状加剧，病鸡精神萎靡，食欲废绝、羽毛松乱、翅下垂、昏睡、怕冷，常拥挤在一起。2周龄以内的病雏鸡，还常见鼻窦肿胀、流黏性鼻液、流泪等症状，病鸡常甩头。产蛋鸡感染后产蛋量下降25%～50%，同时，产软壳蛋、畸形蛋或砂壳蛋。

2. 肾型

感染肾型支气管炎病毒后其典型症状分3个阶段。第一阶段是病鸡表现轻微呼吸道症状，鸡被感染后24～48小时开始气管发出啰音，打喷嚏及咳嗽，并持续1～4天，这些呼吸道症状一般很轻微，有时只有在晚上安静的时候才听得比较清楚，因此，常被忽视。第二阶段是病鸡表面康复，呼吸道症状消失，鸡群没有可见的异常表现。第三阶段是受感染鸡群突然发病，并于2～3天内逐渐加剧。病鸡沉郁、扎堆、厌食，排白色或水样下痢，粪便中几乎全是尿酸盐，迅速消瘦、饮水量增加。雏鸡死亡率为10%～30%，6周龄以上鸡死亡率在0.5%～1%。

3. 腺胃型

在临床上也常见腺胃型传染性支气管炎，其主要表现为病鸡流泪、眼肿、极度消瘦、拉稀和死亡并伴有呼吸道症状（图1–33至图1–36）。

图1-33　呼吸型：头颈前伸，张口呼吸

图1-34　呼吸型：软壳蛋

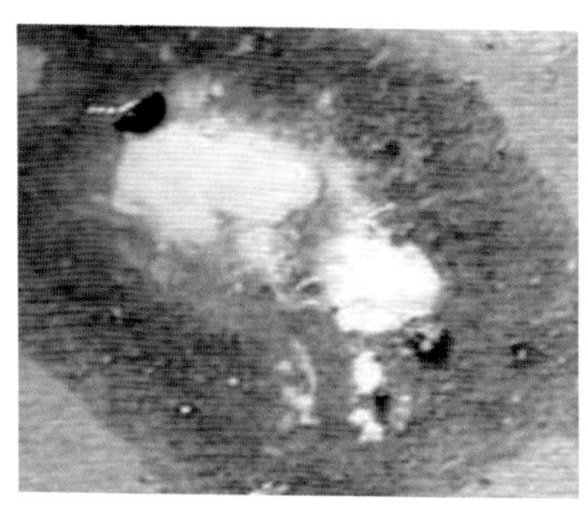

图1-35　肾型：白色水样粪便

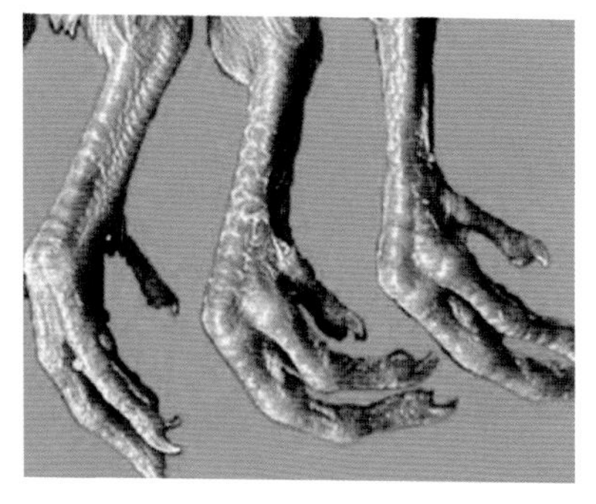

图1-36　肾型：病鸡脱水，爪干无光

（三）病理变化

1. 呼吸型

呼吸型主要病变见于气管、支气管、鼻腔、肺等呼吸器官。表现为气囊混浊或含有黄色干酪样渗出物；气管环出血，管腔中有黄色或黑黄色栓塞物。幼雏鼻腔、鼻窦黏膜充血，鼻腔中有黏稠分泌物，肺脏水肿或出血。患鸡输卵管发育受阻，变细、变短或呈囊状。产蛋鸡的卵泡变形，甚至破裂。

2. 肾型

肾脏肿大，呈苍白色，肾小管充满尿酸盐结晶，扩张，外形呈白线网状，俗称“花斑肾”。严重的病例在心包和腹腔脏器表面均可见白色的尿酸盐沉着。有时还可见法氏囊黏膜充血、出血，囊腔内积有黄色胶冻状物；肠黏膜呈卡他性炎变化，全身皮肤和肌肉发绀，肌肉失水。

3. 腺胃型

病初腺胃乳头水肿，周围出血，呈环状；后期腺胃肿胀，增生，似乒乓球状。胰腺肿大，出血。病鸡胸肌严重萎缩，几乎消失。

（四）诊断方法

根据流行病学、临床症状、病理变化以及病史，可作出初步诊断。进一步确诊，则有赖于病毒分离与鉴定及血清学检测等实验室诊断方法。

（五）防治方法

1. 预防措施

（1）严格执行引种和检疫隔离措施。要坚持自繁自养，全进全出。引进鸡只和种鸡种蛋时，要按规定进行检疫和引种审批，鸡只符合规定并引入后，应按规定隔离饲养，隔离期满确认健康后方可投入饲养栏饲养。

（2）加强饲养管理。饲养过程中应注意降低饲养密度，避免鸡群拥挤，注意温度、湿度变化，避免过冷、过热。加强鸡舍通风换气，防止有害气体刺激呼吸道。合理配比饲料，防止维生素，尤其是维生素A的缺乏，以增强机体的抵抗力。

（3）适时接种疫苗。预防本病的有效方法是接种疫苗。实践中，可根据鸡传染性支气管炎的流行季节、地方性流行情况和饲养管理条件、疫苗毒株特点等，合理选择疫苗，在适当日龄进行免疫，提高防疫水平，同时，应建立免疫档案，完善免疫记录。

2. 治疗方法

本病目前尚无特效疗法，发现病鸡最好及时淘汰，并对同群鸡进行净化处理。

发病后可选用家禽基因工程干扰素进行治疗，配合使用泰乐菌素或强力霉素、丁胺卡那霉素、阿奇霉素等抗生素药物控制继发感染。同时，可使用复方口服补液盐（含有柠檬酸盐或碳酸氢盐的复合制剂）补充机体内钠、钾损失和消除肾脏炎症或饮水中添加抗生素、复合多维等，提高禽只抵抗力。

八、传染性喉气管炎

鸡传染性喉气管炎是由鸡传染性喉气管炎病毒引起的一种急性、接触性上呼吸道传染病，其主要特征是呼吸困难、气喘、咳嗽和咳出血液或血样渗出物。主要病变是喉头、喉部气管黏膜水肿、出血和糜烂，该病传播迅速，如有继发感染死亡率较高。

（一）流行特点

该病发病急、传播快，感染率高达90%～100%，死亡率5%～70%不等。自然条件下，主要感染鸡，各种年龄均可感染，成年鸡最易感。该病主要经呼吸道传播，一年四季都能发生，由于鸡传染性喉气管炎病毒对热抵抗力小，所以，夏季发生少，以冬、春季节多见。病鸡和康复后的带毒鸡是主要传染源，呼吸排出的分泌物污染的垫草、饲料、饮水和用具可成为传播媒介。鸡

群拥挤、通风不良、饲养管理不好、维生素缺乏、寄生虫感染等都可促使该病发生和传播。

（二）临床症状

该病潜伏期6～12天，人工经气管内感染时潜伏期较短，一般为2～4天。强毒株感染时发病率和死亡率高，低毒力毒株只引起轻度或隐性感染。严重感染时发病率90%～100%，死亡率5%～70%不等，平均10%～20%。本病典型的症状是出现严重的呼吸困难，病鸡举颈、张口呼吸，咳嗽，甩头，发出高昂的怪叫声。咳嗽甩头时甩出血液或血样黏液，有时可在病鸡的颈部、食槽、笼具上见到甩出的血液或血块。病鸡的眼睛流泪，结膜发炎，鼻孔周围有黏性分泌物。冠髯暗红或发紫，最后多因极度呼吸困难窒息而死亡。最急性的病例突然死亡，病程一般为10～14天，如无继发感染大约14天恢复。感染毒力较弱的毒株时，病情缓和，症状轻微，发病率和死亡率较低，仅表现为轻微的张口喘气，鼻黏膜和眼结膜轻度发炎。发病鸡的产蛋量迅速减少，有时可下降35%左右，产蛋量的恢复则需要较长的时间（图1-37）。

图1-37　病鸡张口喘气

（三）病理变化

病理变化表现在喉头和气管，病初喉头和气管黏膜充血、肿胀、有黏液附着，继而黏膜变性、坏死、出血，致使喉头和气管内含有血性黏液或血凝块，病程较长时喉头和气管内附有假膜。有些病鸡发生结膜炎、鼻炎和鼻窦炎，面部肿胀，眼睛流泪，鼻孔部附有褐色污垢。卵泡充血、出血、坏死。其他内脏器官病变不明显（图1-38、图1-39）。

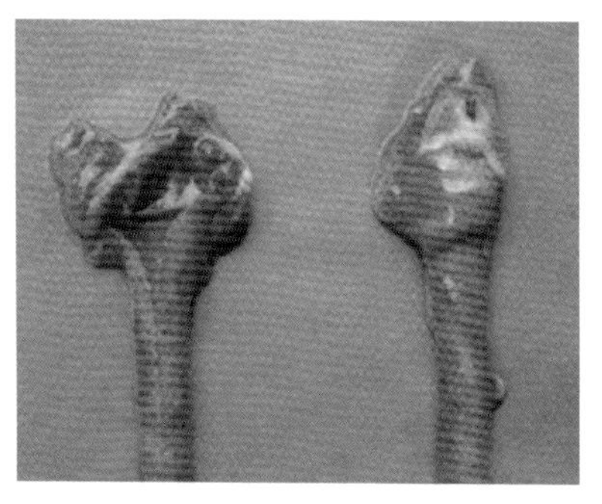

图1-38　喉头和气管黏膜肿胀

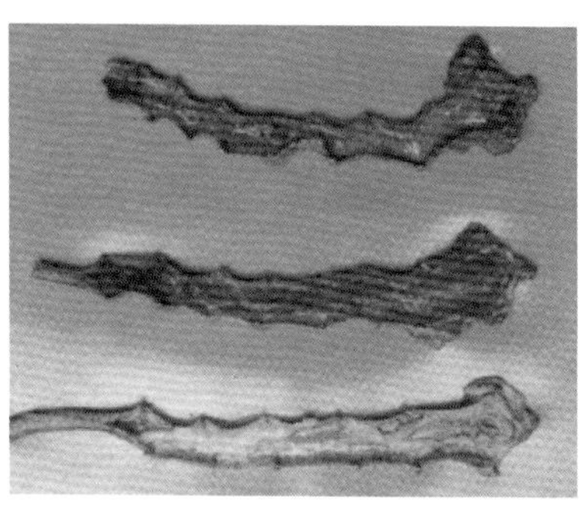

图1-39　气管内有血凝块

（四）诊断方法

根据该病流行病学、特征性症状和典型病变即可作出诊断，实验室诊断包括鸡胚接种、包涵体检查、荧光抗体、免疫琼脂扩散试验。

该病在鉴别诊断上，应注意同鸡传染性支气管炎、鸡新城疫相鉴别。鸡传染性支气管炎多发生于雏鸡，呼吸音低，病变多在气管下部；鸡新城疫死亡率高，剖检后病变较典型。

（五）防治方法

（1）加强卫生管理，防止疫病传入。

（2）疫苗接种。在本病流行地区可考虑接种疫苗，没有本病的地区一般不要接种疫苗。传染性喉气管炎疫苗毒性较强，接种后3～4天可能会有一部分鸡发病，反应率约5%。

（3）发病时可用利巴韦林饮水，每只成年鸡10～20mg，1天1次，连用3～5天。牛黄解毒丸、六神丸、喉症丸等也有一定效果。同时，要用抗生素防止继发性细菌感染。

九、病毒性关节炎

鸡病毒性关节炎是由呼肠孤病毒引起的鸡的一种重要传染病。病毒主要侵害关节滑膜、肌腱和心肌，导致关节炎、腱鞘炎、肌腱断裂等。

（一）流行特点

各种年龄的鸡都易感染，病鸡和带毒鸡是本病的传染源。在肉鸡中传播迅速，在笼养蛋鸡中传播较慢。病初病毒存在于病鸡血液中，因而，此时也可通过吸血昆虫传播，以后病毒则局限于腱的滑膜组织和关节部位。

（二）临床症状

大部分鸡感染后呈隐性经过，平时观察不到关节炎的症状，但屠宰时约有5%的鸡可见趾屈肌腱、腓肠肌腱肿胀。鸡群平均增重缓慢，饲料转化率低。色素沉着不佳，羽毛异常，骨骼异常，腹泻时粪便中含有未消化的饲料。种鸡或蛋鸡受到感染时，产蛋量可下降10%～15%，受精率也下降。急性病例多表现为精神不振，全身发绀和脱水，鸡冠呈紫色，如病情继续发展则变成深暗色，直至死亡，关节症状不显著。临床上多数病例表现为关节炎型，病鸡跛行，胫关节和趾关节（有时包括翅膀的肘关节）

以及肌腱发炎肿胀。病鸡食欲和活动能力减退，行走时步态不稳，严重时，单脚跳，单侧或双侧跗关节肿胀，可见腓肠肌断裂（图1-40、图1-41）。

图1-40　趾爪蜷曲

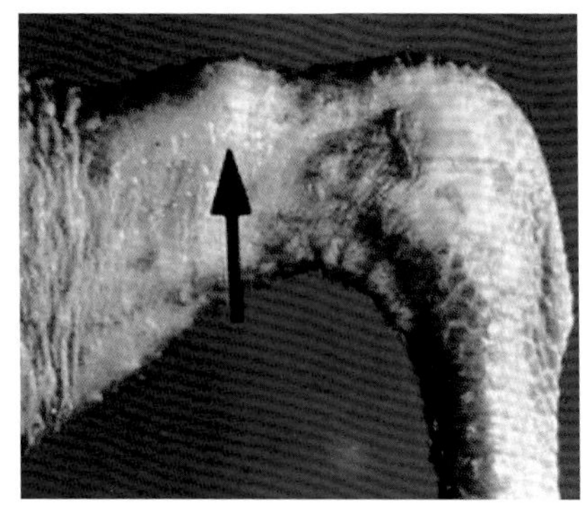

图1-41　腓肠肌腱结节性肿胀硬化

（三）病理变化

病理变化主要表现在患肢的跗关节，关节周围肿胀，可见关节上部腓肠肌腱水肿，关节腔内含有棕黄色或棕色血染的分泌物，若混合细菌感染，可见脓样渗出物。青年鸡或成年鸡易发生腓肠肌腱断裂，局部组织可见到明显的出血性浸润。慢性经过的病例（主要是成鸡）腓肠肌腱增厚、硬化并与周围组织愈着、纤维化，肌腱不完全断裂和周围组织粘连，关节腔有脓样或干酪样渗出物（图1-42、图1-43）。

（四）诊断方法

肉鸡发病率较高，多发生于4～7周龄，蛋鸡发病率较低，多发于140～300日龄。病鸡步态不稳，不能站立，两腿趾爪屈曲。腓肠肌腱坏死、断裂。根据症状和病理变化容易确诊。

图1-42　腓肠肌腱断裂

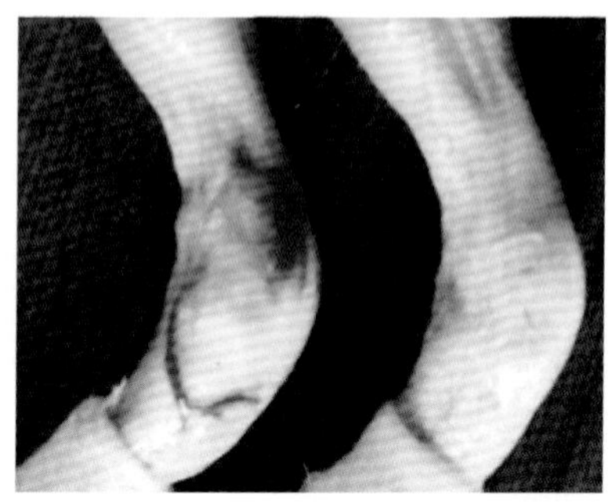

图1-43　仔鸡一侧跗关节处组织充血、出血

（五）防治方法

（1）加强饲养管理，注意鸡舍、环境卫生。从未发生过该病的鸡场引种。

（2）坚持执行严格的检疫制度，淘汰病鸡。

（3）易感鸡群可采用疫苗接种。8～12日龄首免，接种弱毒疫苗，皮下注射或饮水；种鸡8～14周龄二免，开产前再注射1次灭活油乳苗。本病没有药物治疗。

十、鸡传染性脑脊髓炎

鸡传染性脑脊髓炎是由禽脑脊髓炎病毒引起鸡的一种急性、高度接触性传染病。其主要特征是共济失调、头颈震颤和非化脓性脑炎。

（一）流行特点

各种日龄鸡均可感染发病，但以1～4周龄雏鸡发生最多，并表现明显的临床症状。发病率和死亡率差异很大，这与发病后是否采取隔离、消毒和减少不良刺激等综合措施有关。产蛋母鸡感染后可出现产蛋率和孵化率的一过性下降，感染后3周内所产的种蛋带有病毒，由这些种蛋孵出的雏鸡在1～7日龄和11～20日龄出现2个发病和死亡的高峰期，其中，前者为病毒垂直传播所致，后者为水平传播所致。本病一年四季均可发生，无季节性。

（二）临床症状

病鸡初期表现精神沉郁、反应迟钝、不愿走动、步伐摇摆不定。随着病情的加重，病鸡站立不稳、头颈震颤、斜视、共济失调或完全瘫痪。病鸡羽毛蓬乱，被驱赶时摇摆不定或以翅膀扑地，受到惊吓时头颈部出现明显的震颤。有的病鸡出现一侧或两侧眼球混浊及失明。1月龄以上鸡感染后一般无明显的临床症状，产蛋鸡感染后出现一次性的产蛋量下降，下降幅度为5%～20%（图1–44、图1–45）。

图1–44　病鸡站立不稳

图1–45　病鸡瘫痪

（三）病理变化

病死鸡无明显的眼观病变。认真观察可见腺胃黏膜表面有数目不等的、针尖大至米粒大的灰白色斑点；脑组织变软，有不同程度瘀血，在大小脑表面有针尖大的出血点。

（四）诊断方法

根据发病日龄多在4周龄以下、以共济失调和头颈震颤为主要症状、无明显的眼观病变和药物治疗无效等可作出初步诊断。但本病应与临床上有脚软的新城疫、马立克病、维生素E缺乏症、维生素B_1缺乏症、硒缺乏症等进行鉴别诊断。

（五）防治方法

本病目前尚无有效的治疗方法，建议全群淘汰。

本病的为害极为严重，对产蛋鸡，特别是对种鸡（包括种公鸡）进行合理的疫苗免疫可有效预防该病。由于禽脑脊髓炎病毒对其他病毒有干扰作用，故接种疫苗前2周和接种后3周内不宜进行其他疫苗的接种。发生过本病的地区，选用弱毒疫苗，于11～14周龄时经饮水免疫；开产前肌内注射灭活苗。没有发生过本病的地区，于90～100日龄时肌内注射灭活苗即可。

十一、传染性贫血病

鸡传染性贫血病是由鸡传染性贫血病病毒引起的一种雏鸡的亚急性传染病，其特征是贫血和全身淋巴组织萎缩造成免疫抑制。

（一）流行特点

鸡是该病毒的唯一自然宿主。自然条件下只有鸡对该病易感，主要发生在2～4周龄内的雏鸡。该病具有明显的龄期抵抗力，在无其他病原的情况下，随鸡日龄的增长，其易感性、发病率和死亡率逐渐降低。雄雏鸡可能比雌雏鸡易感性更高。主要感染途径是消化道，其次是呼吸道。该病既可水平传播，又可垂直传播。感染了鸡传染性贫血病病毒的鸡，其排泄物污染的器具、饲料、饮水等都可作为该病的传染源。在有些情况下，被鸡传染性贫血病病毒污染的疫苗也能造成该病的传播。

（二）临床症状

病鸡表现出厌食、精神沉郁、衰弱、贫血、消瘦、体重减轻，成为僵鸡。喙、肉髯和可视黏膜苍白，皮下和翅尖出血也极为常见。若继发细菌、真菌或病毒感染，可加重病情，阻碍康复，死亡增多。感染后16～20天贫血最严重，血细胞压积值降到20%以下。濒死鸡可能有腹泻（图1-46、图1-47）。

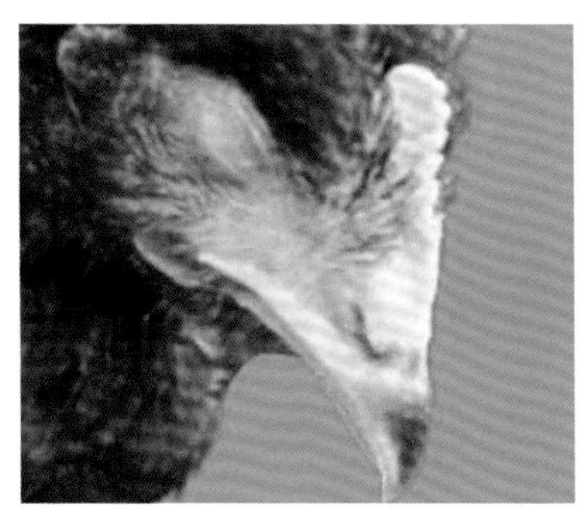

图1-46　鸡冠苍白

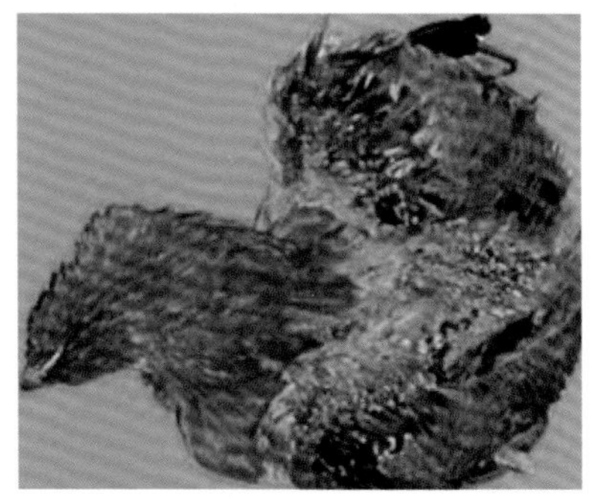

图1-47　翅膀皮下出血，皮肤呈蓝紫色

（三）病理变化

病鸡贫血，消瘦，肌肉与内脏器官苍白、贫血；肝脏和肾脏肿大，褪色，或淡黄色：血液稀薄，凝血时间延长。骨髓萎缩是在病鸡所见到的最特征性病变，大腿骨的骨髓呈脂肪色、淡黄色或粉红色。在有些病例，骨髓的颜色呈暗红色，组织学检查可见

明显的病变。胸腺萎缩是最常见的病变，呈深红褐色，可能导致其完全退化，随着病鸡的生长，抵抗力的提高，胸腺萎缩比骨髓病变更容易观察到。法氏囊萎缩不很明显，有的病例法氏囊体积缩小，在许多病例的法氏囊的外壁呈半透明状态，以至于可见到内部的皱襞。有时可见到腺胃黏膜出血和皮下与肌肉出血。若有继发细菌感染，可见到坏疽性皮炎，肝脏肿大呈斑驳状以及其他组织的病变（图1–48至图1–51）。

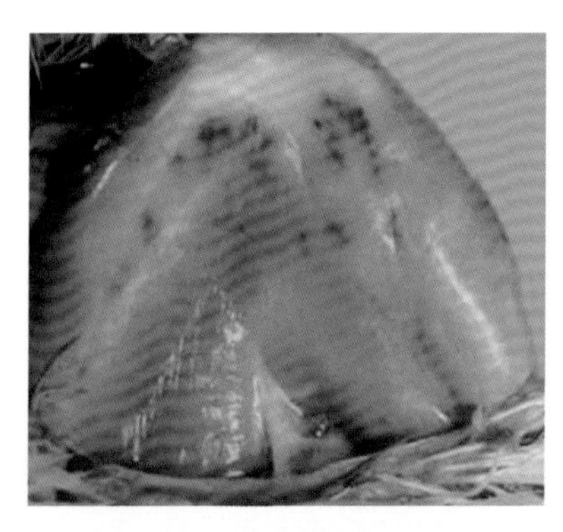

图1–48　腿部肌肉苍白出血

图1–49　病鸡翅部及身体皮下出血

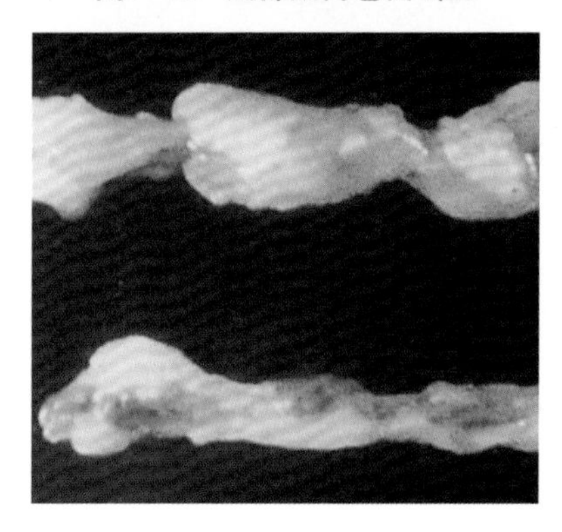

图1–50　胸腺萎缩（上为正常）

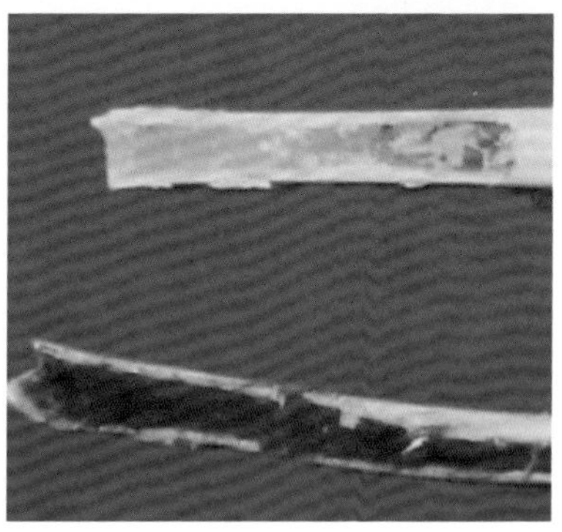

图1–51　骨髓呈黄色（下为正常）

（四）诊断方法

血细胞的比容值显著降低和骨髓变成黄白色是该病最突出的特征，所以，根据症状及剖检变化即可作出初步诊断。确诊需进行实验室检查，主要包括病毒的分离与鉴定、免疫荧光抗体试验、酶联免疫吸附试验。

（五）防治方法

1. 预防

（1）加强和重视鸡群的日常饲养管理和兽医卫生措施，防止由环境因素及其他传染病导致的免疫抑制，及时接种鸡传染性法氏囊病疫苗和鸡马立克氏病疫苗。

（2）引进种鸡时，应加强检疫和监测，防止从外引入带毒鸡而将该病传给健康鸡群。在SPF鸡场应及时进行检疫，剔出和淘汰阳性感染鸡。

（3）疫苗免疫接种方面，使用由鸡胚生产的有毒力的活疫苗，可通过饮水免疫途径对13～15周龄的种鸡进行接种，可有效地防止其子代发病。

（4）为了防止子代暴发传染性贫血病，必须在开产前数周对种鸡进行饮水免疫，种鸡在免疫后6周才能产生坚强的免疫力，并能持续到60～65周龄，种鸡免疫6周后所产的蛋可留作种用。

（5）同时应做好鸡马立克氏病、鸡传染性法氏囊病的免疫预防，因为鸡传染性贫血病病毒，常与这类病毒混合感染而增加鸡对鸡传染性贫血病病毒的易感性。

2. 治疗

该病目前尚无特异的治疗方法。对发病鸡群，可用广谱抗生素控制与鸡传染性贫血病相关的细菌性继发感染。

十二、产蛋下降综合征

鸡产蛋下降综合征是由腺病毒引起的能使产蛋量显著减少的一种病毒性疾病。

（一）流行特点

各种年龄的鸡均可感染，但幼龄鸡不表现临床症状；尤以25～35周龄的产蛋鸡最易感。本病主要经种蛋垂直传播，也可水平传播，尤其产褐壳蛋的母鸡易感性高。

（二）临床症状

鸡产蛋下降综合征主要发生于24～26周龄的产蛋鸡。尽管本病可以水平传播，但垂直传播是主要的传播途径。虽然雏鸡已被感染，但却不表现任何临床症状，血清抗体也为阴性，但在开产前血清抗体转阳，并在产蛋高峰表现明显。这可能是由于激素和应激因素的作用，使病毒活化。在进入产蛋高峰期前后出现产蛋量突然下降，可使产蛋量下降20%～30%，甚至50%；产薄壳蛋、软壳蛋、沙皮蛋、畸形蛋等；褐壳蛋表面粗糙、褪色，呈灰白、灰黄色；蛋清变稀，蛋黄变淡，蛋清中可能混有血液等异物；种蛋孵化率降低，弱雏增多；产蛋量下降，持续4～10周可能恢复正常，对鸡生长无明显影响（图1–52、图1–53）。

图1–52　蛋壳变薄

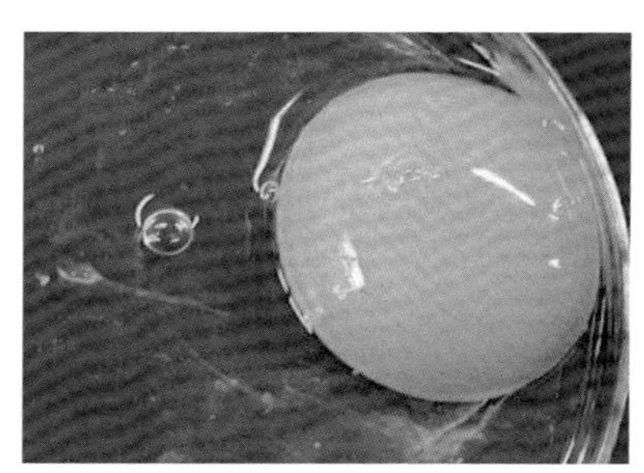

图1–53　蛋白稀薄如水

（三）病理变化

患病鸡群一般不表现大体病理变化，有时可见卵巢静止不发育和输卵管萎缩，少数病例可见子宫黏膜水肿，子宫腔内有灰白色渗出物或干酪样物，卵泡有变性和出血现象。

病理组织学变化主要为输卵管和子宫黏膜明显水肿，腺体萎缩，并有淋巴细胞、浆细胞和异嗜性粒细胞浸润，在血管周围形成管套现象。上皮细胞变性、坏死，在上皮细胞中可见嗜伊红的核内包含体。子宫腔内渗出物中混有大量变性、坏死的上皮细胞和异嗜性粒细胞。少数病例可见卵巢间质中有淋巴细胞浸润，淋巴滤泡数量增多，体积增大。脾脏红、白髓不同程度增生（图1–54、图1–55）。

（四）诊断方法

本病主要发生于24～30周龄产蛋高峰期，产蛋率下降30%～40%。除产软壳蛋，蛋壳褪色，无壳蛋、畸形蛋外，病鸡精神食欲无异常变化，大约1个月可逐渐恢复正常，但不可能恢复到发病前的情况。确诊必须进行病原分离和血清学试验。

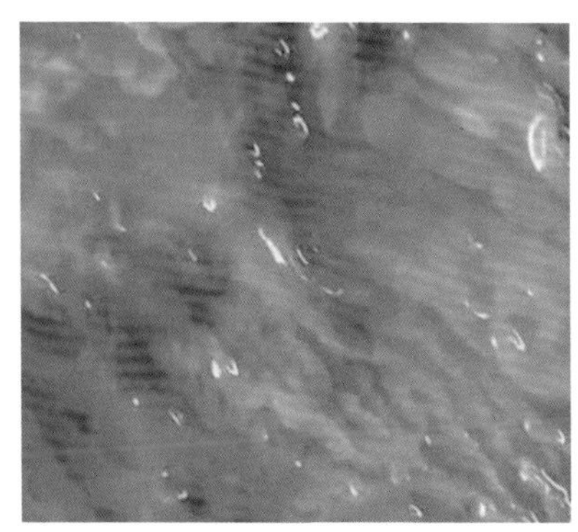

图1–54　病鸡输卵管黏膜充血

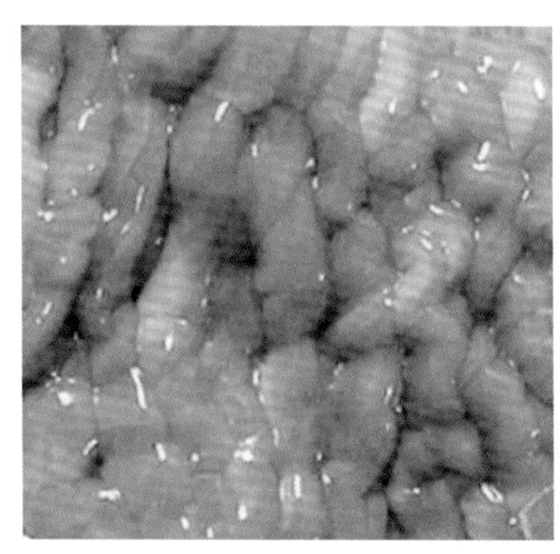

图1–55　输卵管黏膜水肿

（五）防治方法

（1）防止经种蛋传播。由于本病是垂直传播的，所以，应对种鸡群采取净化措施，防止经蛋传播。

（2）免疫预防。国内已研制出EDS-76油乳剂灭活苗、鸡减蛋症蜂胶苗等，于鸡群开产前2～4周注射0.5mL，由于本病毒的免疫原性较好，对预防本病的发生具有良好的效果，可保护一个产蛋周期。

（3）本病目前尚无有效治疗方法。使用多种维生素和增蛋药，可能有助于产蛋量的恢复。

第二章 鸡的细菌性病

一、鸡白痢

鸡白痢是由鸡白痢沙门氏菌引起的各种年龄鸡只均可发生的一种细菌性传染病，主要为害鸡和火鸡。

（一）流行特点

传染源为病鸡和带菌鸡。雏鸡患病耐过或成年母鸡感染后，多成为慢性和隐性感染者，长期带菌，是本病的重要传染源，带菌鸡卵巢和肠道含有大量病菌。

经带菌蛋垂直传播是本病最主要的传播方式。也可通过消化道、呼吸道、眼结膜、交配感染。

感染动物为鸡和火鸡，不同品种、年龄、性别的鸡都有易感染性，但雏鸡比成鸡，褐羽鸡、花羽鸡比白羽鸡，重型鸡比轻型鸡，母鸡比公鸡更易感。珍珠鸡、雉鸡、鸭、野鸡、鹌鹑、金丝雀、麻雀和鸽也可感染。

本病一年四季均可发生，尤以冬春育雏季节多发。

（二）临床症状

本病潜伏期为4～5天。

1. 雏禽

一般呈急性经过，发病高峰在7～10日龄，病程短的1天，一般为4～7天。以腹泻，排稀薄白色糨糊状粪便为特征，肛门周围的绒毛被粪便污染，干涸后封住肛门，影响排便。有的发生失明或关节炎、跛行，病雏多因呼吸困难及心力衰竭而死。蛋内感染者，表现死胚或弱胚，不能出壳或出壳后1～2天死亡，一般无特殊临床症状。4周龄以上鸡一般较少死亡，以白痢症状为主，呼吸症状较少。

2. 青年鸡（育成鸡）

青年鸡发病在50～120日龄，多见于50～80日龄鸡。以拉稀，排黄色、黄白色或绿色稀粪为特征，病程较长。

3. 成年鸡

成年鸡呈慢性或隐性经过，常无明显症状。但母鸡表现产蛋量下降（图2-1、图2-2）。

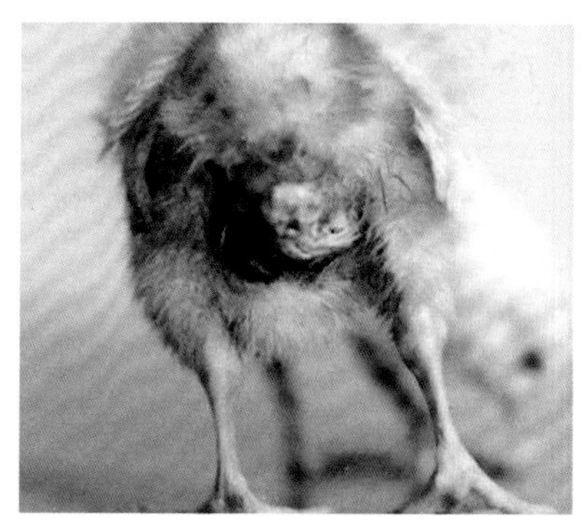

图2-1　肛门被粪便污染

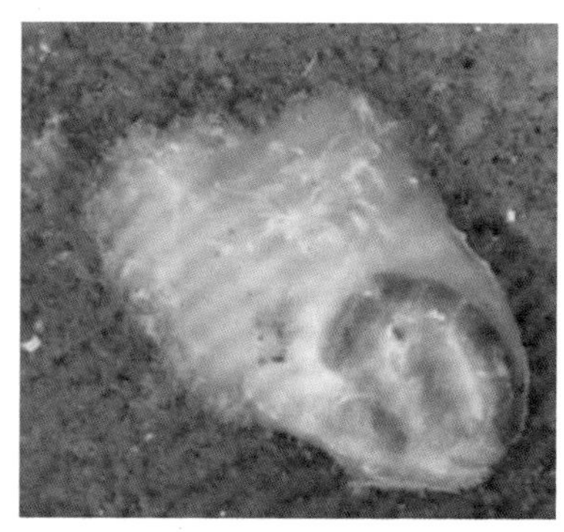

图2-2　白色糨糊状粪便

（三）病理变化

1. 雏鸡

急性死亡的雏鸡无明显眼观可见的病变。病程稍长的死亡雏鸡可见心肌、肺、肝、肌胃等脏器出现黄白色坏死灶或大小不等的灰白色结节；肝脏肿大，有条状出血，胆囊充盈；心脏常因结节而变形；有时还可见心包炎和肠炎，盲肠内有干酪样物充斥，形成所谓的“盲肠芯”；卵黄吸收不良，内容物变性变质；脾有时肿大，常见有坏死；肾脏充血或出血，输尿管充斥灰白色尿酸盐。若累及关节，可见关节肿胀、发炎。

2. 青年鸡

病死鸡营养中等或偏下时，剖检可见突出的变化是肝脏肿大，有的较正常肝脏大数倍。打开腹腔后可看到整个腹腔被肝脏所覆盖。肝脏质地很脆，一触即破。被膜下可看到散在或密集的大小不等的白色坏死灶。有时可见整个腹腔充满血水。脾脏肿大，心包增厚，心包膜呈黄色不透明。心肌上有数量不等的坏死灶，严重的心脏变形呈圆状。肠道有卡他性炎症。

3. 成年鸡

呈慢性经过的病鸡主要表现为卵巢和卵泡变形、变色、变质。卵泡的内容物变成油脂样或干酪样。病变的卵泡常可从卵巢上脱落下来，掉到腹腔中，造成广泛性卵黄性腹膜炎，并引起肠管与其他内脏器官相互粘连。成年鸡还常见腹水和心包炎。急性死亡的成年鸡病变与鸡伤寒相似，可见肝脏明显肿大、变性，呈黄绿色，表面凹凸不平，有纤维素渗出物被覆，胆囊充盈；纤维素性心包炎，心肌偶尔见灰白色小结节；肺瘀血、水肿；脾、肾肿大及点状坏死；胰腺有时出现细小坏死。公鸡感染常见睾丸萎缩和输精管肿胀、渗出物增多或化脓（图2-3、图2-4）。

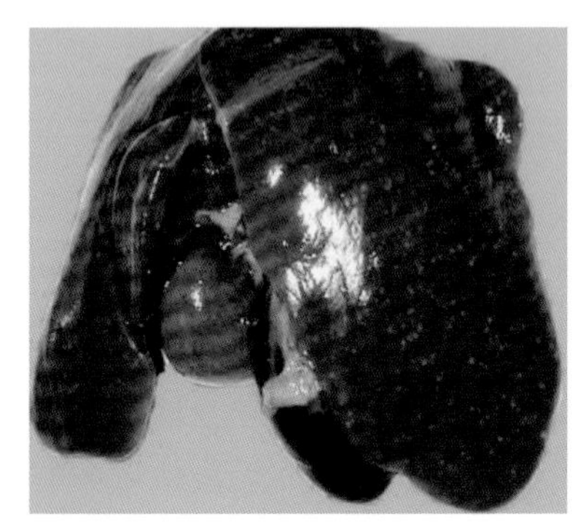

图2-3　肝脏表面见有灰白色坏死点

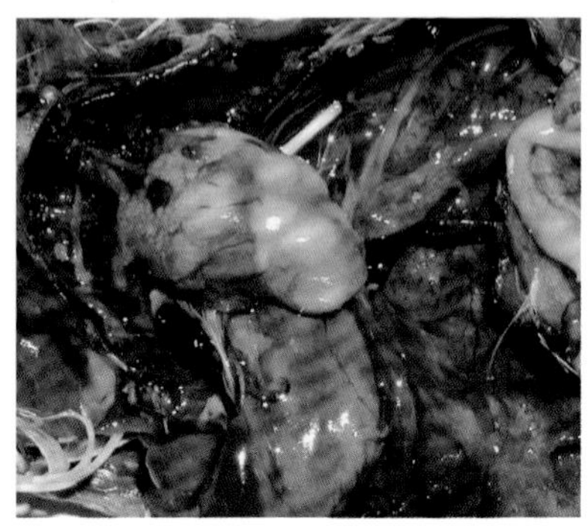

图2-4　心肌见有大小不等的灰白色坏死灶

（四）诊断方法

根据鸡白痢的流行病学特点以及临床症状和病理变化表现不难作出初步诊断，但确诊则需要通过血清学方法和细菌分离鉴定。

1. 血清学诊断

该诊断方法包括全血平板凝集试验，血清或卵黄试管凝集试验，全血、血清或卵黄琼脂扩散试验，ELISA等。可以根据不同的要求和目的选择使用，但临床上最常用的还是全血平板凝集试验。

2. 细菌分离鉴定

该鉴定主要用于实验室确诊。可从病死鸡的肝、脾、未吸收的卵黄、病变明显的卵泡和睾丸等处分离细菌。一部分病料直接在胰胨肉汤琼脂、SS琼脂或麦康凯琼脂平板上画线分离；另一部分接种于亮绿四硫黄酸盐或亚硒酸盐增菌液中，经37℃培养24小时和48小时，分别取培养物在琼脂平板上画线培养，24小时后取出观察。对可疑分离物可进一步做生化鉴定和血清学鉴定。若已用过大剂量抗生素治疗后再采病料进行细菌分离鉴定，会对结果产生不利影响。

（五）防治方法

1. 预防

（1）采用全进全出和自繁自养的管理措施及生产模式。

（2）加强饲养管理：每次入鸡前都要对鸡舍、设备、用具及周围环境进行彻底消毒并至少空置一周。饲养期间，注意合理分配日粮及定期带鸡消毒。育雏室还要做好保温与通风换气的合理措施。

（3）种蛋入孵前要做好孵房、孵化机及所有用具的清扫、冲洗和消毒工作。入孵种蛋应来自无病鸡群，以0.1%新洁尔灭喷洒、洗涤消毒，或用0.5%高锰酸钾浸泡1分钟，或1.5%漂白粉溶液浸泡3分钟，再用福尔马林熏蒸消毒30分钟。

（4）合理使用药物预防：雏鸡出壳后可用福尔马林（14mL/m^3）和高锰酸钾（7g/m^3）在出雏器中熏蒸15分钟，并在饮水或饲料中适当加入有效抗菌药物。由于沙门氏菌极易产生耐药性，因此，要十分注意药物的选择与合理使用。

2. 治疗

鸡白痢可采用该菌敏感的抗菌药物进行治疗。但选择药物前，最好先利用现场分离的菌株进行药敏试验。另外，根据农业部新发布的《食品动物禁用的兽药及其他化合物清单》，以往常用于预防和治疗本病的硝基呋喃类药物和氯霉素等都已被禁止用于食品动物，故选择药物前最好向有关部门咨询。

（1）磺胺类药物。以磺胺嘧啶、磺胺甲基嘧啶和磺胺二甲基嘧啶为首选药。

（2）抗菌药物。金霉素、土霉素、氟哌酸、环丙沙星、恩诺沙星、庆大霉素和卡那霉素对鸡白痢均有较好的疗效。

以上药物的使用要严格按照生产厂家的使用说明进行。

二、禽霍乱

禽霍乱，又名禽巴氏杆菌病、禽出血性败血症。是由多杀性巴氏杆菌引起家禽和野禽的一种急性败血性传染病。

（一）流行特点

病死禽及康复带毒禽、慢性感染禽是主要传染源。主要通过消化道、呼吸道及皮肤伤口感染。动物感染谱非常广，鸡、鸭、鹅、火鸡及其他家禽以及饲养、野生鸟类均易感。家禽中以火鸡最为易感。鸡以产蛋鸡、育成鸡和成年鸡发病多，雏鸡有一定抵抗力。

本病一年四季均可发病，但以春、秋两季发生较多。多种家禽，如鸡、鸭、鹅等都能同时发病。病程短，经过急。

本病病原是一种条件致病菌，可存在于健禽的呼吸道中，当饲养管理不当、气候突变、营养不良及其他疾病发生，致使机体抵抗力下降，可引起内源性感染。

（二）临床症状

临床上分最急性、急性和慢性3型。

1. 最急性型

此型见于流行初期，多发生于肥壮、高产鸡，表现突然发病，迅速死亡。

2. 急性型

此型最常见，表现为高热（43～44℃）、口渴，昏睡，羽毛松乱，翅膀下垂。常有剧烈腹泻，排灰黄甚至污绿、带血样稀便。呼吸困难，口鼻分泌物增多，鸡冠、肉髯发紫。病程1～3天。

3. 慢性型

此型见于流行后期，以肺、呼吸道或胃肠道的慢性炎症为特点。可见鸡冠、肉髯发紫、肿胀。有的发生慢性关节炎，表现关节肿大、疼痛、跛行（图2-5、图2-6）。

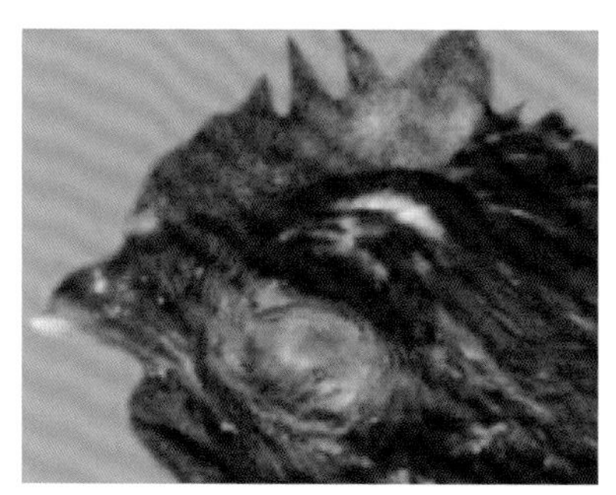

图2-5　急性型鸡冠、肉髯发紫

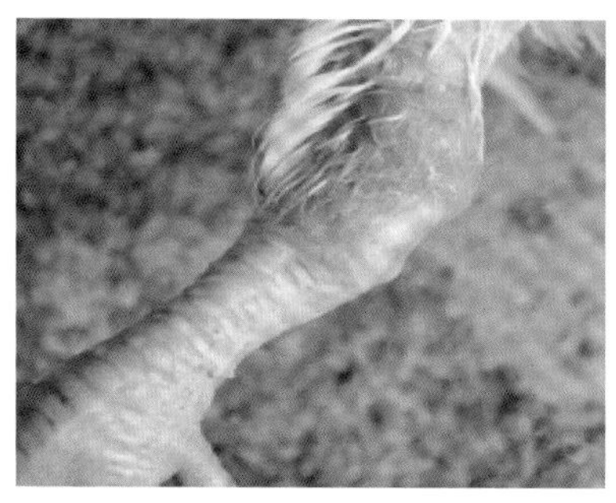

图2-6　慢性型关节肿大

（三）病理变化

最急性病例常无特征性病变。

急性型病例以败血症为主要变化，皮下、腹腔浆膜和脂肪有小出血点；肝大，表面布满针尖大小黄色或灰白色坏死灶。肠道充血出血，尤以十二指肠最严重；产蛋鸡卵泡充血、出血、变形，呈半煮熟状。

慢性病例可见鸡冠和肉髯瘀血、水肿、质地变硬，有的可见关节肿大、变形，有炎性渗出物和干酪样坏死。多发性关节炎，常见关节面粗糙，关节囊增厚，内含红色浆液或灰白色、混浊的黏稠液体（图2-7）。

图2-7　肝脏肿大、出血

（四）诊断方法

根据临床症状和病理变化可作出初步诊断，确诊需进一步做实验室诊断。

（五）防治方法

1. 预防

（1）综合措施。加强饲养管理，消除降低机体抵抗力的因素。保持好鸡场、鸡舍的环境卫生，定期严格消毒。如发生本病，立即对群鸡进行封锁、隔离、检疫和消毒。对假定健康鸡，用禽霍乱抗血清进行紧急预防注射。

（2）预防接种。禽霍乱G190E40活疫苗，本菌苗供预防禽霍乱用，可用于3月龄以上的鸡、鸭、鹅。根据瓶签注明的鸡羽份数，按每羽份加入0.5mL的20%氢氧化铝胶生理盐水稀释摇匀后在鸡、鸭、鹅的胸肌内接种0.5mL。鸭、鹅的用量分别是鸡的3倍和5倍羽份。用本菌苗接种后3天即可产生免疫力，免疫期为3个半月，在有禽霍乱流行的场，可每3个月预防接种1次。

2. 治疗

治疗禽霍乱药物很多，必须结合本场以往用药情况，选择有效的抗菌药物。

青霉素加链霉素肌内注射，每羽5万～10万国际单位，每天1～2次，连用2天。并在饲料中加喂复方敌菌净或禽菌净，拌料喂服3天；氟苯尼考与丁胺卡那霉素组合配方注射或口服。用针剂时，每千克体重0.4mL肌内注射，1日1次，用1～2次。喂料时，氟苯尼考粉剂，用3～5天；盐酸沙拉沙星饮水每100kg水加10g，拌料每40kg料加10g，连喂3～5天；复方阿莫西林可溶性粉每50g加水250kg，连用3～5天。

三、坏死性肠炎

鸡坏死性肠炎又称肠毒血症，是由魏氏梭菌产生的毒素所引起的一种急性传染病，以小肠黏膜坏死，排红褐色乃至黑褐色煤焦油样稀便为其特征。

（一）流行特点

本病多发于湿度和温度较高的4—9月，以2～5周龄尤其是3周龄的肉鸡多发。蛋鸡主要发生在5周龄以上的鸡。平养鸡比笼养鸡多发。以突然发病和急性死亡的为特征。

该病涉及区域广泛，发病率为6%～38%，死亡率一般在6%左右。其显著的流行特点是，在同一区域或同一鸡群中反复发作，断断续续地出现病死鸡和淘汰鸡，病程持续时间长，可直至该鸡群上市。

（二）临床症状

病鸡表现明显的精神沉郁，闭眼嗜睡，食欲减退，腹泻以及羽毛粗乱无光易折断病鸡生长发育受阻，排黑色、灰色稀便，有时混有血液。与小肠球虫病并发时，粪便稍稀呈柿黄色或间有肉样便。病程稍长，有的出现神经症状。病鸡翅腿麻痹，颤动，站立不起，瘫痪，双翅拍地，触摸时发出尖叫声。

（三）病理变化

眼观病变仅限于小肠，特别是空肠和回肠，部分盲肠也可见病变。肠壁脆弱、扩张，充满气体，肠黏膜附着疏松或致密伪膜，伪膜外观呈黄色或绿色。肠壁浆膜层可见出血斑，有的毛细血管破裂形成血晕。黏膜出血深达肌层，时有弥漫性出血并发生严重坏死与小肠球虫病并发时，肠内容物呈柿黄色，混有碎的小血凝块，肠壁有大头针帽样出血点或坏死灶（图2-8、图2-9）。

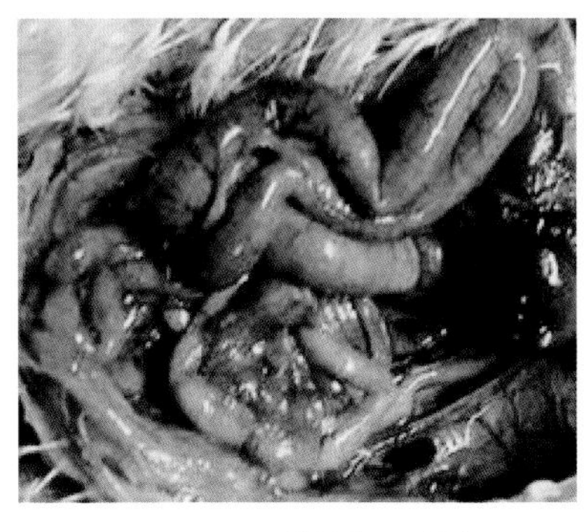

图2-8　肠道鼓气、膨胀

图2-9　纤维素性肠炎

（四）诊断方法

本病常与小肠球虫病并发，极易被后者所掩盖。最后的确诊依赖于实验室诊断。

（1）取小肠受损病变部位的肠黏膜刮取物涂片，火焰固定，革兰氏染色，镜检发现有许多两端钝圆的革兰氏阳性肠杆菌。用该刮取物直接涂片、镜检，有时可发现数个艾美尔球虫卵囊，证明有球虫病并发。

（2）无菌刮取有典型病变的肠黏膜（取自死亡后4小时以内的鸡），画线接种于葡萄糖血液琼脂上，37℃厌氧培养过夜，可生成几个圆形光滑隆起，淡灰色，直径2～4mm的较大型菌落，菌落周围发生内区完全溶血、外区不完全溶血和脱色的双重溶血现象。挑取此菌落压片、染色、镜检发现与前面所述相同的细菌。

（3）挑选典型菌落接种于牛乳培养基中培养8～10小时后，可见明显的“暴烈发酵”现象，凝固的乳酪蛋白成为多孔海绵状或分裂为数块。

（4）药敏试验的结果是，该菌对青霉素类、痢菌净、链霉素高敏；对杆菌肽中敏；对复方敌菌净、庆大霉素不敏感。

（五）防治方法

1. 预防

（1）搞好鸡舍的卫生，及时清除粪便和通风换气；合理储藏动物性蛋白质饲料，防止有害菌的大量繁殖；在饲料中添加中药制剂妙效肠安，饮水中加入益肠安、氨苄青霉素，连用3～5天。

（2）建立严格的消毒制度。

鸡体喷雾消毒：可用0.5%强力消毒灵（复合酚类环境消毒剂，含有酚类、酸类和表面活性剂等多种成分）或0.015%百毒杀

[10%癸甲溴铵溶液（双链季铵盐化合物）]日常预防带鸡消毒，0.025%百毒杀用于发病季节的带鸡消毒，1周2次。

饮水消毒：菌毒净和百毒杀在蛋和肉中无残留，可用于饮水消毒。

用具消毒：每日对所用过的科盘、料桶、水桶和饮水器等饲养器具，用0.01%菌毒清或百毒杀或0.05%强力消毒灵液洗刷干净，晾干备用。

2. 治疗

痢菌净0.03%饮水1日2次，每次2～3小时，连用3～5天；饲料中拌入15mg/kg杆菌肽和70mg/kg盐霉素。2周龄以内的雏鸡，100L饮水中加入羟氨苄青霉素15g，每日2次，每次2～3小时，连用3～5天。

用药24小时后，粪便颜色明显改观，病鸡症状减轻，采食量增加，3天后症状消失，鸡群恢复正常，以后再加强用药2天。

四、大肠杆菌病

鸡大肠杆菌病是由某些血清型的致病性大肠埃希菌引起的一类传染病的总称。鸡发生大肠杆菌病时表现多种病型。

（一）流行特点

各种日龄鸡均可发病，幼鸡更易发生。本病的发病率和死亡率因饲养管理水平、环境卫生状况和防治措施的效果而呈现较大的差异。病鸡或带菌鸡是主要的传染源，致病性大肠杆菌可以经蛋传播，还可经消化道、呼吸道和生殖道（交配或人工授精）传播。本病一年四季均可发生，在多雨、闷热和潮湿季节发生较多。本病常并发或继发于其他疾病（如新城疫、传染性支气管炎或霉形体病）。

（二）临床症状

胚胎及幼雏死亡：病菌进入蛋内导致胚胎感染，引起胚胎死亡或出壳后幼雏陆续死亡。

气囊炎：5～12周龄的雏鸡多发，表现为轻重不一的呼吸道症状。

急性败血症：为典型的大肠杆菌病，多发生于育成鸡群和成年鸡群。发病鸡突然死亡，症状不明显，死亡鸡体质良好，嗉囊内充满大量食物。

卵黄性腹膜炎：发生于蛋鸡，病程长，发病率不高但病死率较高，鸡群产蛋量下降。

慢性肉芽肿：45～70日龄的鸡多发，病鸡进行性消瘦，可视黏膜苍白，腹泻。

大肠杆菌性眼炎：各种日龄鸡均可发病，常在眼部外伤后发生，或大肠杆菌全身感染转移所致。病鸡眼部肿胀，眼内充满脓性分泌物，严重者失明，可一侧发生，也可见两侧发生，病程长者；脓性分泌物成干酪样（图2-10、图2-11）。

图2-10　病鸡一侧眼失明

图2-11　病鸡出现中耳炎

（三）病理变化

胚胎及幼雏死亡：主要病变为卵黄未被吸收，呈黄色黏稠状物，病程长的变为干酪样渗出物；心包炎。

气囊炎：气囊混浊增厚，有干酪样物沉积；心包炎，心包膜增厚，与胸骨相连；肝脏表面覆盖有一层纤维素性渗出物（图2-12）。

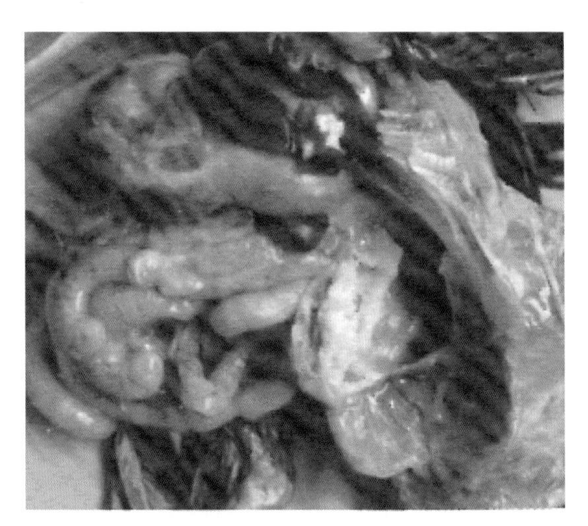

图2-12　气囊混浊增厚，有干酪样物沉积

急性败血症：主要病变为胸肌充血，肝脏肿大，有时肝表面可见灰白色针尖状坏死点，胆囊扩张且充满胆汁，脾、肾脏肿大。

卵黄性腹膜炎：病菌直接侵入腹腔引起卵黄性腹膜炎，或卵黄破裂后发病。腹腔内有特殊的恶臭味，其内充满纤维素性渗出物或游离的卵黄液；内脏粘连，结成块状；卵巢出血变形，呈橘瓣状或成为质地坚硬的小结节；输卵管发炎，管腔内有多量混浊液体或凝块；心包和肝脏表面覆盖有一层纤维素性渗出物（图2-13）。

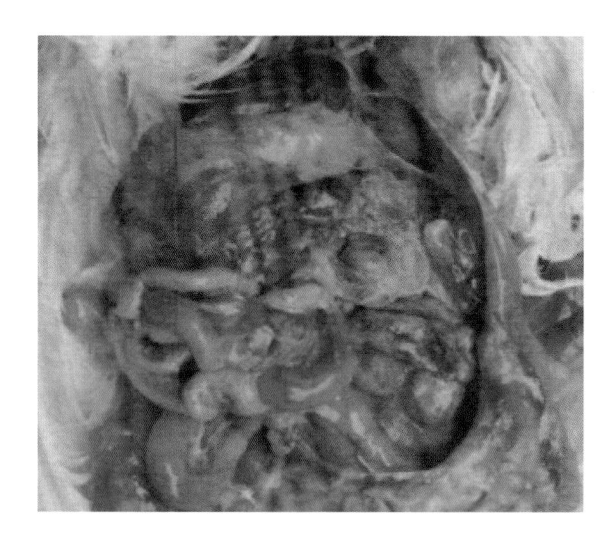

图2–13　卵子破裂引起的腹膜炎

慢性肉芽肿：主要病变为心肌炎，心包膜混浊、充满淡黄色渗出物，心肌弥漫性增厚，形成肉芽型结节，结节呈灰色肿瘤状。

（四）诊断方法

鸡大肠杆菌病病型复杂，各年龄段的鸡均可感染发病，其流行特点、临床症状和剖检病变等均有差异，且常有不同程度的混合感染，这些情况给诊断带来一定的困难。临床诊断应注意与沙门菌病、霍乱和葡萄球菌病相区别。

（五）防治方法

严重病例可肌注庆大霉素（每千克体重肌注2～4mg，每天注射两次）或头孢类药物（如头孢唑啉或头孢拉定等，每千克体重肌注2万单位），也可在饲料中加入新霉素（每50kg饲料中加入2～5g）、金霉素（每50kg饲料中加入25g）和磺胺类药物等。由于大肠杆菌易产生耐药性，应尽可能通过药敏试验筛选出敏感药物供临床上使用。

平时应加强饲养管理，搞好鸡舍和环境的卫生消毒工作，避免各种应激因素，并抓好孵化室、育雏室、育成鸡群及成年鸡群的综合防治工作，才能有效地控制本病的发生和发展。选用与当地分离到的大肠杆菌血清型相一致的疫苗进行免疫接种可以取得较好的预防效果，一般于26日龄左右首免，开产前半个月加强免疫1次。

五、绿脓分枝杆菌病

鸡绿脓分枝杆菌病是由绿脓杆菌引起雏鸡的一种传染性败血性疾病。该病在以前并不多见，但随着我国养禽业的迅速发展，对养鸡业造成一定经济损失，已引起人们的重视。

（一）流行特点

该病一年四季均可发生，但以春季出雏季节多发。雏鸡对绿脓分枝杆菌的易感性最高，随着日龄的增加，易感性越来越低。种蛋可能会污染此菌，腐败鸡蛋在孵化器内破裂，可能也是雏鸡暴发绿脓分枝杆菌感染的一个来源。近年来，我国发现的雏鸡绿脓分枝杆菌病，主要是由于注射马立克氏疫苗而感染所致。当气温较高，或再经长途运输，会降低雏鸡机体的抵抗力，从而发病。

（二）临床症状

表现为上下眼睑肿胀，一侧或双侧眼睁不开，角膜白色浑浊、膨隆，眼中常带有微绿色的脓性分泌物。时间长者，眼球下陷后失明，影响采食，最后衰竭而死亡。也有的雏鸡表现神经症状，奔跑和动作不协调，站立不稳，最后倒地而死。若孵化器被绿脓杆菌污染，则在孵化过程中就会出现爆破蛋，同时，就会导致孵化率降低，死胚增多（图2-14）。

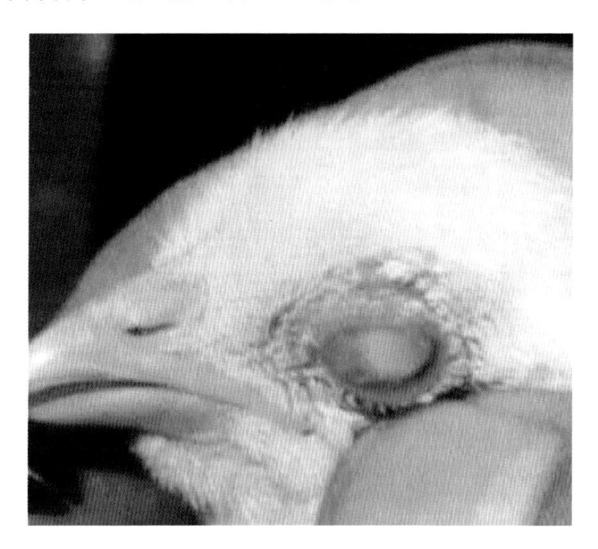

图2-14　病鸡角膜白色混浊

（三）病理变化

病鸡颈部、脐部皮下呈黄绿色胶冻样浸润，脂肪有出血并造成局部发绿。内脏器官不同程度充血、出血。肝脏脆而肿大，呈土黄色，有淡灰黄色小点坏死灶。胆囊充盈。肾脏肿大，表面有散在出血小点。肺脏充血，有的见出血点，肺小叶炎性病变，呈紫红色或大理石样变化。心冠脂肪出血，并有胶冻样浸润，心内、外膜有出血斑点。腺胃黏膜脱落，肌胃黏膜有出血斑，易于剥离，肠黏膜充血、出血严重。脾大，有出血小点。气囊混浊、增厚（图2-15、图2-16）。

图2-15　脐部皮下呈黄绿色胶冻样浸润

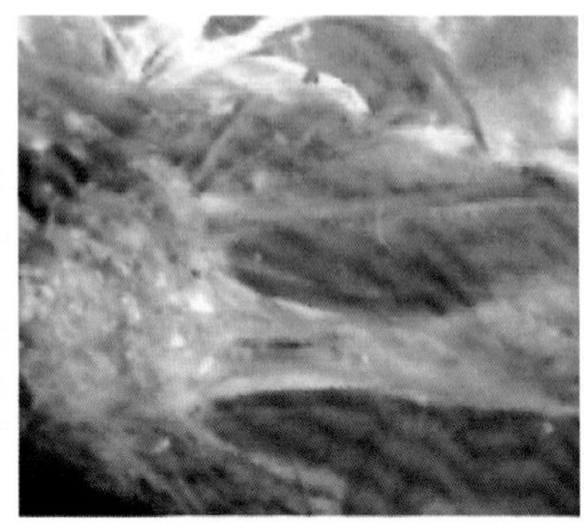

图2-16　龙骨下脂肪出血、局部发绿

（四）诊断方法

可根据疾病的流行病学特点和病雏鸡的临床症状及病理变化作出初步诊断。要作出确切诊断，必须进行病原菌的分离培养和鉴定。

（五）防治方法

1. 预防

防止该病的发生，重要的是搞好孵化的消毒卫生工作。孵化用的种蛋在孵化之前可用福尔马林熏蒸（蛋壳消毒）后再入孵。防止孵化器内出现腐败蛋。对孵出的雏鸡进行马立克氏疫苗免疫注射时，要注意针头的消毒卫生，避免通过此途径将病原菌带入鸡体内。

2. 治疗

一旦暴发该病，应选用高敏药物，如庆大霉素、妥布霉素、新霉素、多黏菌素、丁胺卡那霉素进行紧急注射或饮水治疗（庆大霉素肌内注射，每只每天4 000～5 000国际单位；庆大霉素饮水治疗，每只每天5 000～6 000国际单位，连用3天），可很快控制疫情。另外，也可用庆大霉素给雏鸡饮水做预防。

六、葡萄球菌病

鸡葡萄球菌病是由金黄色葡萄球菌或其他葡萄球菌感染所引起鸡的急性败血症或慢性关节炎、脐炎、眼炎、肺炎的传染病。

（一）流行特点

金黄色葡萄球菌广泛分布在自然界的土壤、空气、水、饲料、物体表面以及鸡的羽毛、皮肤、黏膜、肠道、粪便中。季节和品种对本病的发生无明显影响，平养和笼养都有发生，但以笼养为多。

本病的主要传染途径是皮肤和黏膜的创伤，但也可通过直接接触和空气传播，雏鸡通过脐带感染也是常见的途径。

日常管理中，刺种疫苗时消毒不严，也可造成感染。给鸡带翅号、断喙或转群过程中，操作粗暴也可造成外伤感染。有的鸡场鸡群过大、拥挤，通风不良，氨气过浓，光照过强，某种营养成分缺乏，鸡出现相互啄毛、啄肛的现象，从而产生啄伤。这些都可造成葡萄球菌感染。

（二）临床症状

本病的发生因病原种类及毒力、鸡的日龄、感染部位及鸡体状态不同，表现出的临床症状也不相同。

1. 急性致血症型

为本病常见病型，最典型的症状是皮下水肿，称本病为水肿性皮炎，多发于中雏。病鸡常在2～5天内死亡，有的发病后1～2天急性死亡。病鸡表现精神沉郁，常呆立或蹲伏，两翅下垂，缩颈，眼半闭呈嗜睡状，羽毛蓬松、无光泽，病鸡食欲减退或废绝，部分鸡下痢，排出灰白色或黄绿色稀便。除以上一般症状外，最明显的症状是在鸡的胸腹部、嗉囊周围、大腿内侧皮下水肿，储留数量不等的血样渗出液，外观呈紫色或紫褐色，有波动感，局部羽毛脱落或用手一摸即可脱落，有的病鸡可见自然破溃，流出茶色或暗红色液体，并与周围羽毛粘连，其他部位的皮肤如背侧、腿部、腹面、翅尖、颜面等部位，出现大小不等的出血性坏死和干燥结痂等病变。

2. 关节炎型

多由皮肤创伤感染引起的。发生关节炎的病鸡表现跛行，不愿站立和走动，多伏卧，驱赶时尚可勉强行动。病鸡可见多个关节炎性肿胀，特别是趾、跖关节肿大较为多见。肿胀的关节呈紫红色或紫黑色，有的已破溃并结成污黑色痂，有的出现趾瘤，趾垫肿大，有的趾尖发生坏死甚或坏疽、脱落。病鸡一般有饮食欲，多因采食困难，饥饱不匀，常被其他鸡只踩踏，逐渐消瘦，最后衰竭死亡，病程多为10余天。

3. 脐炎型

新出壳的雏鸡因脐环闭合不全而引起感染。病鸡除一般症状外，可见脐部肿大，局部呈黄红色或紫黑色，质稍硬，俗称“大肚脐”。发生脐炎的病雏常于3～5天后死亡，很少能存活或正常发育。

4. 眼型

临床表现常呈单侧性上下眼睑肿胀、闭眼，有脓性分泌物粘连，用手分开时，则见眼结膜红肿，眼内有多量分泌物，并见有肉芽肿。有的头部肿大，眼睛失明。病鸡常因饥饿、衰竭而死。

5. 肺型

主要表现为全身症状及呼吸困难、气囊炎（图2-17至图2-20）。

图2-17　站立困难

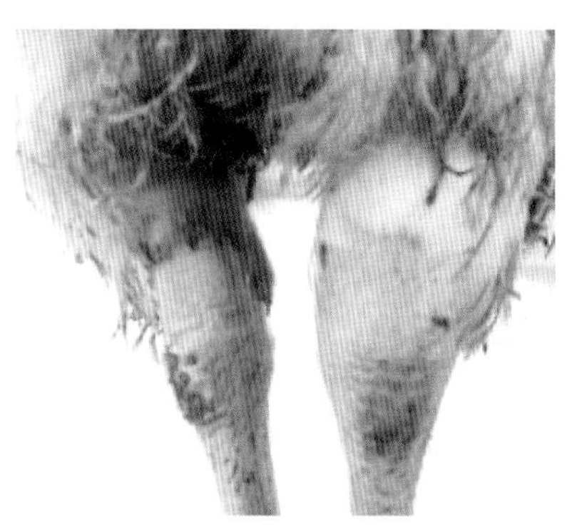

图2-18　关节肿大、发红

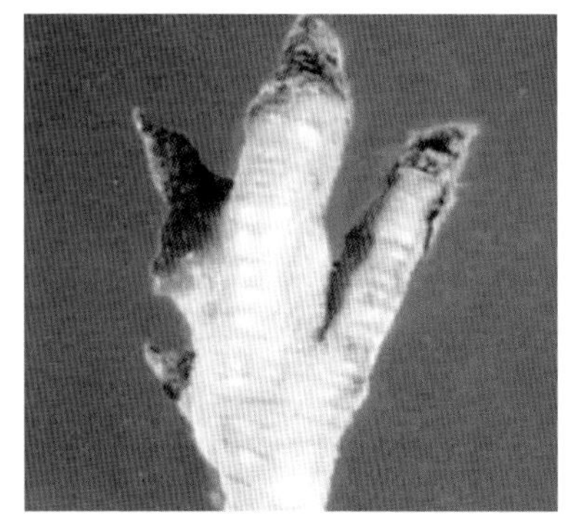

图2-19　病鸡趾尖干性坏疽

图2-20　眼睑肿胀、眼封闭

（三）病理变化

1. 急性败血症型

特征的眼观变化是胸部的病变，剪开皮肤可见整个胸、腹部皮下充血、出血，呈弥漫性紫红色或黑红色，积有大量胶冻样红色或黄红色水肿液，水肿可延至两腿内侧、后腹部，前达嗉囊周围，但以胸部为多，胸、腹部及腿内侧见有散在出血斑点或条纹，尤以胸骨柄处肌肉为重，病程久者还可见轻度坏死。肝脏肿大，淡紫红色，有花纹，小叶明显，病程稍长者可见灰白色坏死点。脾大，紫红色，病程稍长者也有白色坏死点。腹腔脂肪、肌胃浆膜等处有时可见紫红色水肿或出血。心包积液，呈黄红色半透明，心冠脂肪及心外膜偶见出血。

2. 关节炎型

病例可见关节炎和滑膜炎。病变关节肿大，滑膜增厚、充血或出血，关节囊内有或多或少的浆液，或有纤维素性渗出物，病程长者变成干酪样坏死或周围结缔组织增生及畸形。

3. 脐炎型

病例以幼雏为主，可见脐部肿大，黄红色或紫黑色，有暗红色或黄红色液体，时间稍长，则为脓样干涸坏死物。肝有出血点，卵黄吸收不良，呈黄红色或黑灰色液体状或内混絮状物。病鸡体表不同部位有皮炎、坏死。

4. 眼型

病例无特征性病变。

5. 肺型

肺部瘀血、水肿和肺实变（图2-21、图2-22）。

（四）诊断方法

1. 坏疽性皮炎

1～4月龄鸡多发，病鸡胸、腹、腿部皮肤有出血性坏死性炎症，心肌出血，肝脏呈绿色，有坏死点。镜检可见到革兰氏阳性大肠杆菌。

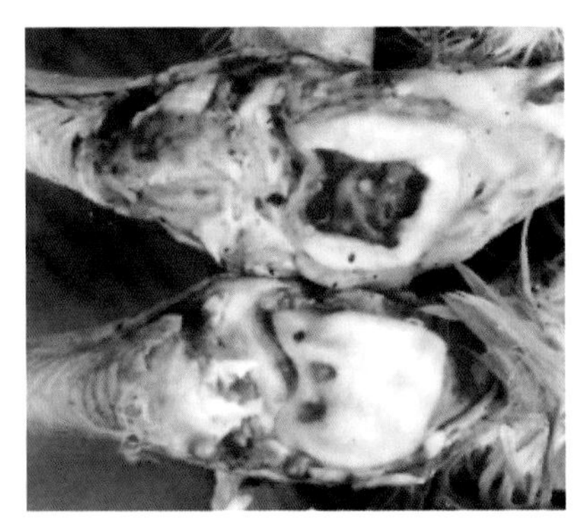

图2-21 侧患关节面溃烂

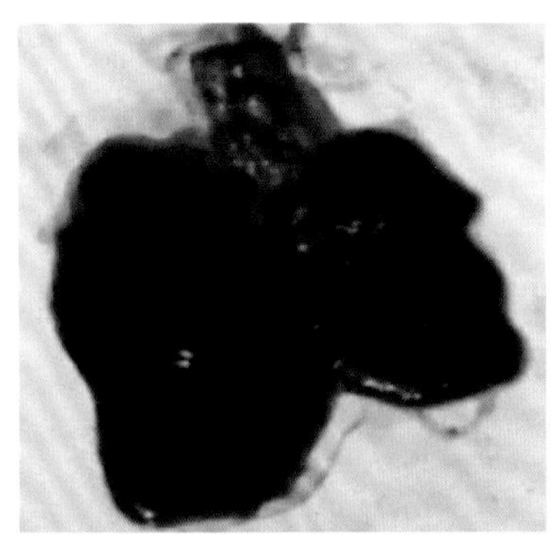

图2-22 肺出血、不成形

2. 大肠杆菌病

症状与本病很相似，镜检可见革兰氏阴性小杆菌。

3. 病毒性关节炎

该病常见于肉仔鸡，患鸡精神、食欲无明显变化，体表无化脓溃烂现象，很少死亡。

4. 滑液支原体病

该病病程较长，体表各部无出血、化脓或溃烂，用泰乐菌素、红霉素治疗有效。

5. 禽霍乱

该病不呈现皮肤的特征性变化，但有肉髯肿胀现象。

（五）防治方法

1. 预防

因本菌广泛存在于环境中，预防本病要做好经常性预防工作。

加强饲养管理，特别是处于生长旺盛期的鸡供给全价饲料，给予足够量的维生素和无机盐，鸡舍应通风良好，保持合适的温度、湿度；鸡群不宜过大，避免拥挤；要有适宜的光照，适时断啄，防止鸡群互啄。防止和减少外伤，消除鸡笼、网具、送料机械等用具中的一切尖锐物品；鸡在断喙、剪趾、剪冠以及免疫注射、刺种时应做好消毒工作。注意清除一切能造成鸡体外伤的因素。由于鸡痘的发生常为鸡群发生本病的重要因素，故应及时注射鸡痘疫苗，预防鸡痘发生。坚持长期消毒工作。除保持好鸡舍环境清洁卫生外，还应坚持经常带鸡消毒，以减少和消除传染源，降低感染机会。对孵化种蛋以及孵化工作人员应注意加强卫生管理工作。采用葡萄球菌油乳剂灭活菌苗或氢氧化铝多价菌苗，给20日龄雏鸡注射，有一定预防效果。一旦发生本病后，应及时隔离病鸡群，迅速确诊，选用敏感抗菌药物及时治疗，并紧急接种本病多价菌苗，是控制本病的关键措施。

2. 治疗

鸡场一旦发生葡萄球菌病，要立即对鸡舍、饲养管理用具进行严格消毒，以杀灭散在环境中的病原体。

药物治疗是发病后的主要防制措施，但由于本菌的耐药性很强，对大多数药物不敏感，务必从速进行药物敏感试验，选出敏感药物后，及时进行治疗，方可收到良好治疗和预防效果。环丙沙星0.5g/kg料，混饲，连喂3～5天或环丙沙星0.2～0.3g/L水，混饮，连饮3～5天。庆大霉素1万～2万单位/kg体重，肌内注射

（口服无效），每天2次，连用3天。苯哇青霉素钠10～15mg/kg体重，注射，每天2～4次，或苯唑青霉素纳20～30mg/kg体重，饮水。5%红霉素水溶性粉剂1～3g/L水，混饮，连饮5～7天。

七、弧菌性肝炎

鸡弧菌性肝炎是弧菌感染引起的一种细菌性传染病。其临床特征为高发病率、低死亡率。病理特征为肝脏肿大，质脆，其上呈现灰白色或黄白色雪花状坏死灶或肝被膜下出血。

（一）流行特点

该病自然流行仅见于鸡群。其主要传播途径是经消化道感染，病鸡是主要的传染源，被污染的种鸡蛋、鸡笼、饲料、病鸡的粪便等均可成为传播媒介，被弧菌污染的水源常常是重要的传染源。有报道认为该病也是一种条件性疾病，带菌鸡常因天气突变、转群、运输等应激因素而引起临床暴发。该病在成年鸡中发生多呈慢性经过，长达1～2.5个月，而在雏鸡和青年鸡中发生多呈亚急性经过。

（二）临床症状

该病发病较慢，病程较长。鸡表现精神不振，鸡冠萎缩苍白、干燥、贫血，渐进性消瘦，死亡率不高，常被忽视。产蛋鸡发病时，产蛋率下降25%～30%，发病率一般在10%以下，死亡率在5%～15%。

（三）病理变化

病鸡呈机体消瘦、肝脏肿大、呈土黄色或黄褐色、质脆、表面有大小不等的出血点和出血斑，慢性经过肝脏表面散布雪花状坏死灶及菜花样黄白色坏死区，有的肝被膜下有出血囊肿，或肝破裂而大出血，致使肝表面附有大的血凝块或腹腔积聚大量血水和血凝块。胆囊肿大，充盈浓稠胆汁；个别病例脾脏上出现肉芽肿；其他脏器出现不同程度的萎缩（图2–23至图2–26）。

图2–23　肝肿胀，密布大小不等的血肿

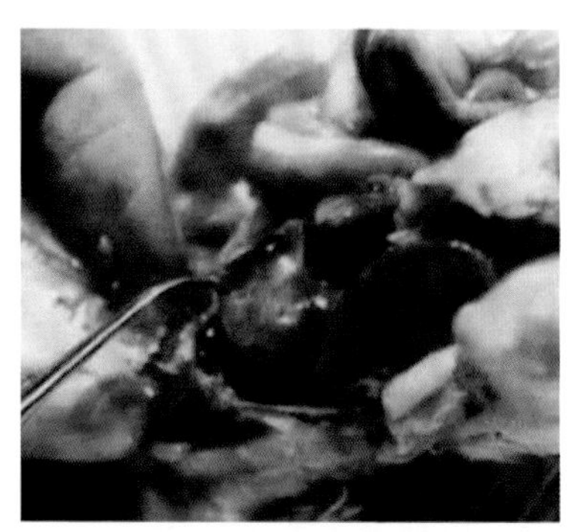

图2–24　肝脏的腹侧面有小血肿

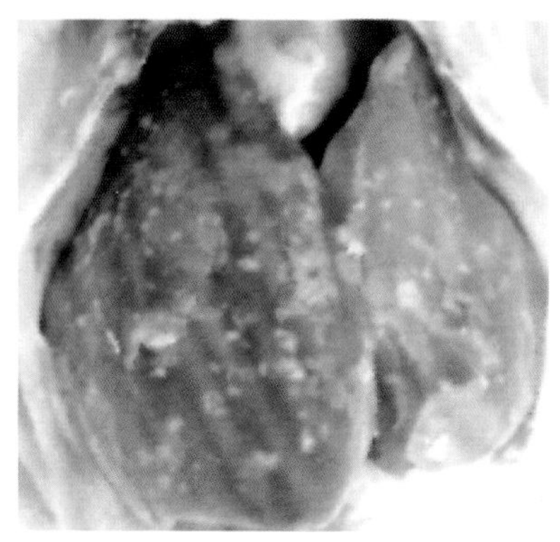

图2–25　肝脏表面散布雪花状坏死区

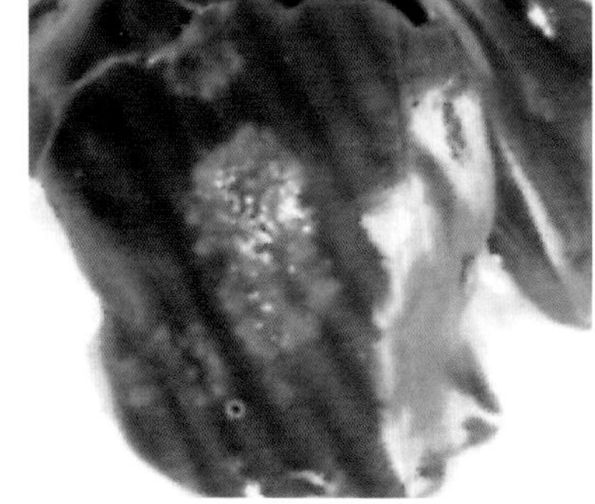

图2–26　肝脏表面散布菜花样坏死状

（四）诊断方法

该病以青年鸡和新开产的鸡为主，渐进性消瘦，病程较长，发展缓慢，并伴有产蛋率下降，死亡鸡的病变以肝脏的“雪花状”或“星芒状”坏死为特征。该病仅根据临床特点和病理变化作出正确诊断很困难，需借助实验室诊断。

（五）防治方法

1. 预防

加强饲养管理，严格卫生消毒，减少各种应激因素，做好鸡球虫病的防治工作。

2. 治疗

治疗时可选用多西环素、庆大霉素、环丙沙星或恩诺沙星等药物，为防止复发，用药疗程可延至8～10天。可选处方：

（1）土霉素20～80g。用法：混饲，拌入100kg饲料中喂服，连喂4～5天。

（2）庆大霉素注射液3 000～4 000国际单位。用法：1次肌内注射，每天2次，连用3～5天。

八、传染性鼻炎

鸡传染性鼻炎是由鸡副嗜血杆菌引起的一种急性上呼吸道疾病，分布广泛，发病急，传播快，发病率较高，病程长，为害严重。

（一）流行特点

该病主要由病鸡呼吸道和消化道排泄物传播。病鸡（尤其是慢性病鸡）和隐性带菌鸡是主要传染源。它们排出的病原菌通过空气、尘埃、饮水、饲料等传播。饮用被病原菌污染的水常是初

感染鸡群发生该病的主要原因。

本病发生虽无明显的季节性，但以每年10月至翌年5月较多发，尤其是12月至翌年2月是本病的高发期，这可能与天气寒冷有利于病菌的体外存活。由于寒冷季节养殖户普遍注重保温，对通风换气重视不够，造成舍内空气污浊有关。

（二）临床症状

病鸡发热，食欲减退，精神不振；流浆液性鼻涕，颜面部肿胀、肉髯及下颌肿胀、张口呼吸；结膜发炎，潮红流泪；呼吸困难；多数病鸡排绿色稀便，产蛋量急剧下降（图2-27、图2-28）。

图2-27　颜面部肿胀

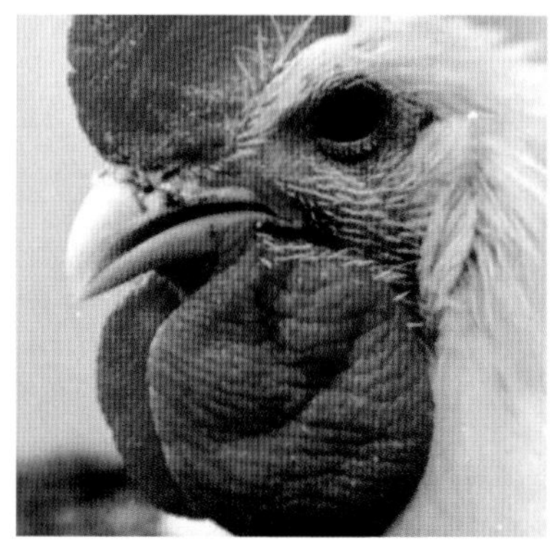
图2-28　肉髯肿胀

（三）病理变化

病鸡呈鼻腔和眶下窦充满水样乃至灰白色黏液；鼻黏膜水肿，充血、出血，鼻窦内有大量脓性分泌物；卵泡变形、出血、破裂；有时可见卵黄性腹膜炎。

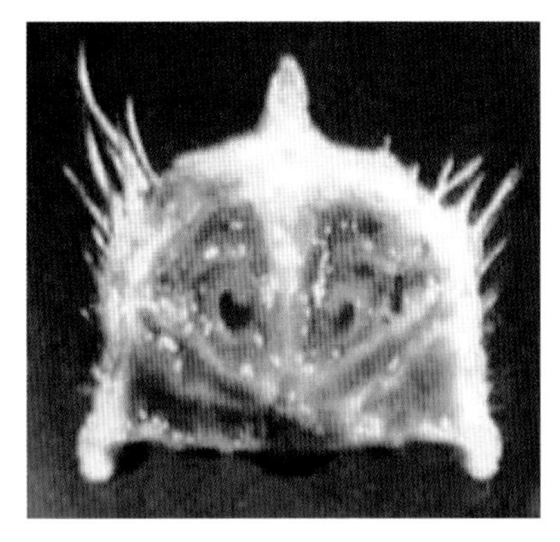

图2-29　鼻腔黏膜肥厚，狭窄，有黏液分泌物

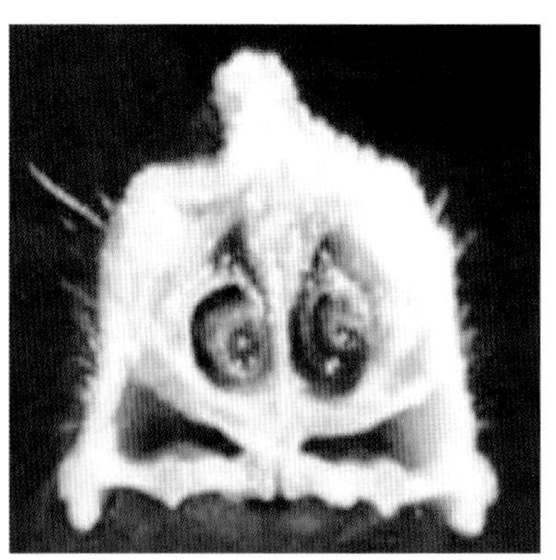

图2-30　正常鼻腔黏膜

（四）诊断方法

根据流行病学、临床症状、病理变化初步确诊为传染性鼻炎。确诊需进一步做实验室诊断。

1. 涂片镜检

取病鸡眼、鼻腔、眶下窦分泌物，涂片染色后镜检，发现有革兰氏阴性球杆菌，且呈多形性存在，偶尔呈纤丝状，菌体周围有荚膜。

2. 细菌分离培养

以无菌操作采集病鸡鼻腔、眶下窦分泌物直接画线接种于巧克力琼脂平板培养基上，经37℃、10%CO_2环境中培养48小时，形成光滑、凸起、淡灰、半透明、直径0.5～1.0mm的菌落，有的菌落周围带有彩虹，挑取单个菌落涂片镜检，细菌仍为革兰氏阴性，多形性存在，有些呈丝状。

（五）防治方法

1. 预防

（1）杜绝引入病鸡和带菌鸡。平时加强鸡群的饲养管理，特别注意鸡舍通风和清洁卫生，使鸡群的饲料营养合理，多喂些富含有维生素A的饲料，以提高鸡群的抵抗力。

（2）疫苗免疫。主要为灭活疫苗。有HPGA型和C型菌单价苗及将A型和C型等量混合的灭能苗，还有A型苗的新城疫病毒混合苗及在其中再将传染性支气管炎病毒混合的疫苗。

疫苗使用注意事项：由于鸡副嗜血杆菌为革兰阴性菌，含有内毒素。因此，疫苗接种后会有不同程度的反应，故在免疫鸡群时应密切观察鸡群的体况，体质虚弱应暂缓接种；鸡群发病后最好通过血清学方法分离鉴定细菌，确定本地区鸡副嗜血杆菌的流行菌型。从而选择相应的血清型疫苗，不赞成直接使用多价苗；注射途径所引起的免疫反应强度不同，皮下和肌内注射两种途径都有效，经腿部肌内注射提供的保护较经胸部注射的效果好，经鼻腔接种无效。

2. 治疗

（1）采用中西结合疗法，发病鸡群立即用强力霉素（5/万）和氟苯尼考（5/万）拌料联合使用，连用4天，同时，用中药辛夷，每只鸡2g煎服，药渣可拌料饲喂。

（2）对于病情严重鸡只用链霉素（15万～20万单位/只）或用丁胺卡那（3万～5万单位/只），肌内注射，每天1次，连用3天。

九、鸡链球菌病

鸡链球菌病又称睡眠病，鸡链球菌病，又称嗜眠症或鸡链球菌败血症，是由C群兽疫链球菌和D群粪链球菌引起鸡的急性或慢性败血性传染病。

（一）流行特点

鸡、鸭、鹅、火鸡、鸽、家兔、狗等均有易感性，成年鸡一般不发病。雏鸡和鸡胚发病最严重。链球菌病主要通过消化道、呼吸道进行传播，也可通过损伤的皮肤传播。死亡率1%～50%。

（二）临床症状

急性病例主要表现为败血症，病鸡精神萎靡，体温升高达42～43℃，黏膜发绀，下痢，羽毛粗乱，头部轻微颤抖，产蛋下降或停止，有时喉头、肉髯水肿，发病后数小时到1天死亡。

慢性病例表现为闭眼、嗜睡、下痢、逐渐消瘦，个别鸡有结膜炎和角膜炎，腿、翅膀轻度瘫痪，局部感染引起足底皮肤和组织坏死，病鸡跛行，或羽翅坏死。雏鸡发病表现为精神沉郁、运动困难，少数鸡出现转圈、痉挛或头部震颤等神经症状。如果入孵蛋被链球菌污染，可造成胚胎在发育晚期死亡以及不能破壳的蛋增多（图2-31、图2-32）。

图2-31　急性型病鸡精神萎靡

图2-32　慢性型病鸡闭眼、嗜睡

（三）病理变化

急性病例的特征是全身浆膜水肿，出血，脾脏肿大，肝脏肿大，表面可能有红色或黄白色的坏死点，肾肿大，心包内有浆液性出血或纤维素性渗出物，也经常出现腹膜炎（图2-33、图2-34）。

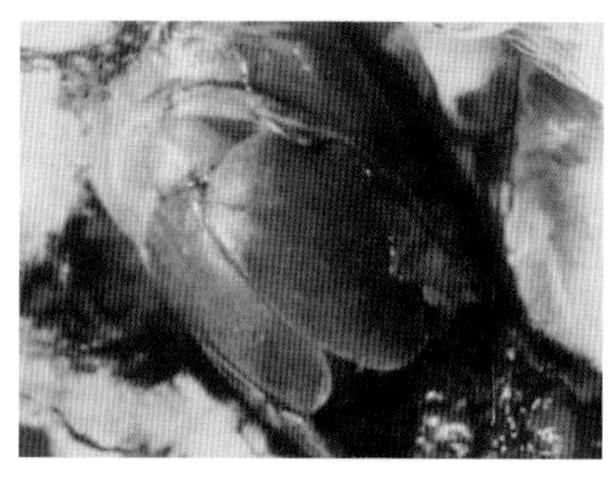
图2-33 急性型全身浆膜水肿、出血

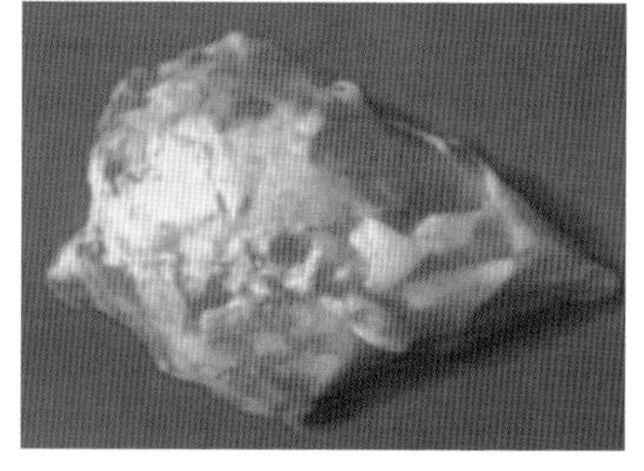
图2-34 纤维素性关节炎

慢性病例的病变包括纤维素性关节炎或腱鞘炎，输卵管炎，心包炎和肝周炎，坏死性心肌炎，心瓣膜炎。瓣膜的疣状增生物一般为黄白色或黄褐色，表面粗糙，附于瓣膜表面，这种病变主要发生于二尖瓣，其次是主动脉瓣或右侧房室瓣。肝、脾、心脏、肺、脑常发生梗死。

（四）诊断方法

可根据病史、症状及病变作初步诊断。确诊必须做细菌的分离鉴定。易在血液琼脂上从血液、肝、脾和其他病料中分离到链球菌（做诊断时，必须做2只或2只以上病鸡的细菌分离培养。由于粪便链球菌一般在培养基上很难生长，所以，必须使用选择生长培养基）。从感染组织中发现兽疫链球菌和粪链球菌，即可作出诊断。

此外，应注意与禽霍乱、鸡白痢及其他败血性疾病相区别。

（五）防治方法

1. 预防

因本病常表现继发性感染，主要发生于饲养管理不良、有应激因素存在或机体抵抗力不强的养鸡场。因此，本病的防治措施如下。

（1）加强饲养管理，减少各种应激因素和增强机体抵抗力。

（2）加强饲养管理，供给营养丰富的饲料，保持鸡舍温度，注意通风换气。

（3）严格消毒，保持鸡舍清洁卫生。

（4）喂服电解质和维生素C，增强机体抵抗力。

（5）一旦发病后，应严格消毒，及时检疫和隔离病、健鸡群。

（6）在严格隔离条件下，全群用药，进行带鸡消毒。病死鸡应深埋或焚烧。

（7）病鸡污染过的鸡舍彻底消毒。目前，尚无较好的疫苗用于免疫接种。

2. 治疗

链球菌在自然环境中和鸡肠道内普遍存在，本病多发生于饲养管理差、有应激因素或鸡群中有慢性疾病存在的鸡场，属于条件性、继发性传染病。

一般丁胺卡那霉素、妥布霉素、多粘霉素、先锋霉素、卡那霉素、庆大霉素、新生霉素、氟哌酸对本病均有效，而青霉素、链霉素、磺胺嘧啶、土霉素、四环素、红霉素无效。本病对肝脏损害最大，肝被膜破裂引起大出血是鸡死亡的主要原因之一。

第三章 鸡的寄生虫病

一、球虫病

鸡球虫病是由多种艾美耳球虫寄生于鸡的肠上皮细胞引起的一种原虫病。

（一）流行特点

球虫的宿主有特异性，即侵袭鸡的球虫不会侵袭火鸡等其他禽。而感染其他家禽的球虫不会感染鸡。各种品种的鸡均有易感性。

病鸡是主要传染源。凡被带虫鸡污染过的饲料、饮水、土壤或用具等，都有卵囊存在。鸡感染球虫的途径主要是吃了感染性卵囊。人及其衣服、用具等可以成为机械性传播者。苍蝇、甲虫、蟑螂、鼠类和野鸟都可成为机械传播媒介。

当存有带虫鸡（传染源）并有传染性卵囊时，就会暴发球虫病。发病时间与气温、雨量有密切关系。通常在温暖的月份流行。室内温度高达30～32℃、湿度80%～90%时，最易发病。

外界环境和饲养管理对球虫病的发生有重大关系，天气潮湿多雨，雏鸡过于拥挤、运动场积水，饲料中缺乏维生素A、维生素K以及日粮配备不当等，都是本病流行的诱因。

（二）临床症状

1. 急性型

病程多为2～3周，多见于雏鸡。发病初期精神委顿、嗜睡、被毛松乱、闭目缩头、呆立吊翅、喜欢拥挤在一起，嗉囊充满液体、便血下痢、肛周羽毛因排泄物污染粘连、喜饮或绝食。可视黏膜、冠、髯苍白。病末期有精神症状，昏迷，两脚外翻、僵直或痉挛。

2. 慢性型

该病多见于2～4个月龄的雏鸡或成鸡。无明显症状，表现为厌食、少动、消瘦、生长缓慢、产蛋减少、脚翅轻瘫，偶有间歇性下痢，但较少死亡（图3-1）。

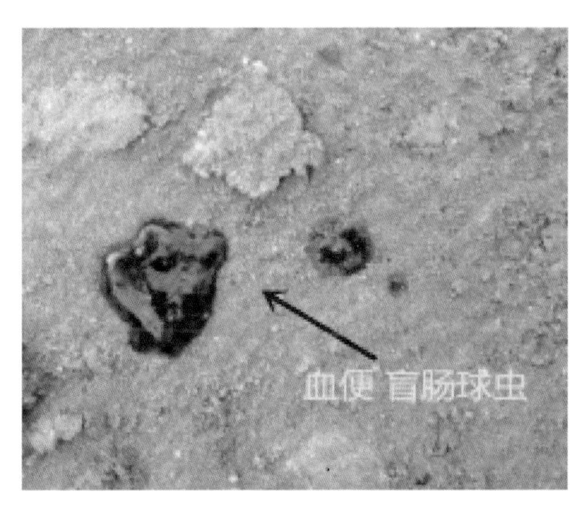

图3-1　血便、盲肠球虫

（三）病理变化

病程一般集中在肠管，其他器官无多大变化。不同种类的球虫侵害所造成的病变程度和部位也不同。

柔嫩艾美尔球虫主要侵害盲肠，表现为盲肠两侧明显肿胀（较正常的肿大3～5倍），肠道黏膜出血呈棕红色或暗红色，肠黏膜脱落，肠内有凝血块或黄白色干酪样坏死物。

巨型和毒害艾美尔球虫侵害小肠中段，表现为肠管扩张，肠壁松弛增厚，有严重的坏死灶，肠黏膜有少量小出血点和白色斑点相间，肠腔有凝血，浆膜淡红色。

堆型艾美尔球虫表现为十二指肠肿大明显，肠黏膜出血，浆膜可见灰白色小斑点。

布氏艾美尔球虫侵害小肠后段与盲肠联合部位，表现为上皮细胞脱落，黏膜出血，有针尖状出血及灰白色斑点。

除上述几种球虫外，其他球虫对鸡的致病力较低，其病变也不严重（图3-2、图3-3）。

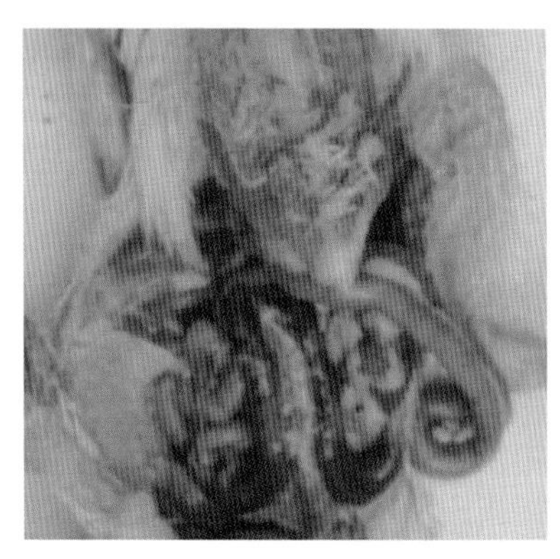

图3-2　两侧盲肠肿大

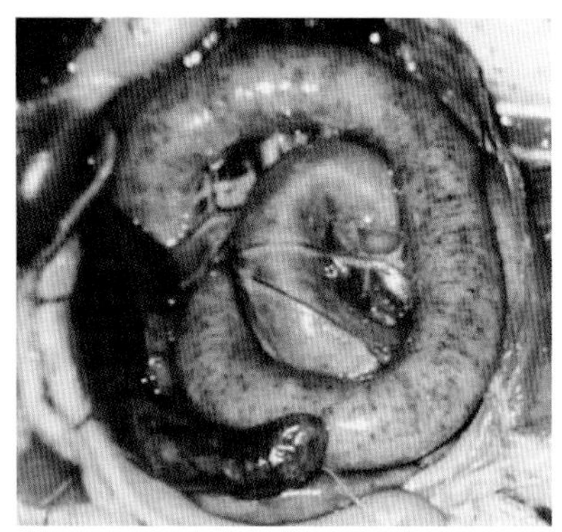

图3-3　小肠有血点、血块

（四）诊断方法

本病的诊断可根据发病情况、临床症状和病理剖检变化作出初步诊断，结合实验室检查进行确诊。

（五）防治方法

1. 预防

（1）鸡舍要保持清洁干燥，通风良好，及时清除粪便和潮湿的垫草。

（2）饲槽、饮水器、用具和栖架，要经常洗刷和消毒，减少感染机会。

（3）饲料中应保持有足够的维生素A和维生素K，以增强抵抗力，降低发病率。

2. 防治

（1）氯丙啉。预防量为每千克饲料添加40～250mg，连喂7日，以后将浓度减半，再喂14日。治疗量为500mg，连用7天，以后减为250mg，连喂10天。

（2）磺胺二甲氧嘧啶。预防量为饲料或饮水中加入0.05%，连用6天；治疗量为预防量加倍混饲料或饮水，连续3～7天。

（3）氯苯胍。每吨饲料拌入35g，混匀，连喂1～2个月。

（4）磺胺喹恶啉。以间断投药治疗为佳。0.1%混饲，连喂2～3天，停3天再用0.05%混饲2天。

（5）速丹（常山酮）。用量为每千克3mg浓度混饲。

（6）泰灭净。按0.1%浓度混饲，连用5天。

（7）盐霉素。按0.007%混入饲料，预防从15日龄开始，连续投药30～45天。

二、绦虫病

鸡绦虫病是绦虫寄生于肠道内，引起鸡粪便稀薄、产蛋率下

降、蛋壳颜色变浅、蛋重轻、畸形蛋增多的一种寄生虫病。

（一）流行特点

鸡绦虫广泛分布，这与中间宿主蚂蚁、苍蝇和鞘翅目甲虫广泛存在有关。散养鸡常年感染发病，笼养蛋鸡每年6—11月多感染发病，夏秋季节多为感染似囊尾蚴阶段，秋末冬初则为成虫感染发病阶段。现阶段以产蛋期发病为主，产蛋鸡多为带虫者，造成显著产蛋下降或死亡，肠道炎症和出血性肠炎。青年鸡、雏鸡最易感染，死亡率高。

（二）临床症状

（1）幼鸡严重，成鸡较轻。

（2）病鸡精神不振，食欲早期增加，当自体出现中毒时，食欲减退，但饮欲增加，消瘦贫血羽毛松乱，排白色带有黏液和泡沫的稀粪，混有白色绦虫节片。

（3）严重感染时，部分病例常有进行性麻痹，从两脚开始，逐渐波及全身，即出现瘫鸡，有时部分病例经过一段时间后鸡体中毒症状解除后不治自愈，但影响将来的生产性能。

（4）成鸡感染本病一般不显症状，但影响免疫疫苗时抗体的产生，严重时，产蛋量下降或产蛋率上下浮动，个别严重病例出现腹腔积水即水档鸡和神经症状即瘫鸡，常因激发感染细菌或病毒病而衰竭死亡（图3-4）。

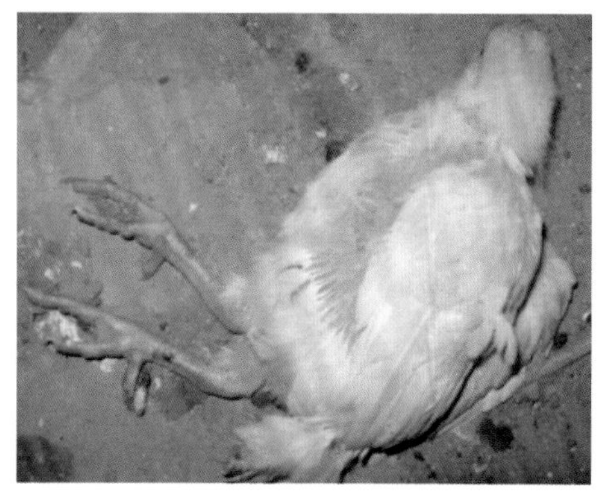

图3-4　站立困难

（三）病理变化

（1）脾脏肿大。肝脏肿大呈土黄色，往往出现脂肪变性，易碎，部分病例腹腔充满腹水。

（2）小肠黏膜呈点状出血，严重者，虫体阻塞肠道。

（3）部分病例肠道生成类似于结核病的灰黄色小结节。

（4）因长期处于自体中毒而出现营养衰竭和抗体产生抑制现象，成鸡往往还表现卵泡变性坏死等类似于新城疫的病理现象（图3-5、图3-6）。

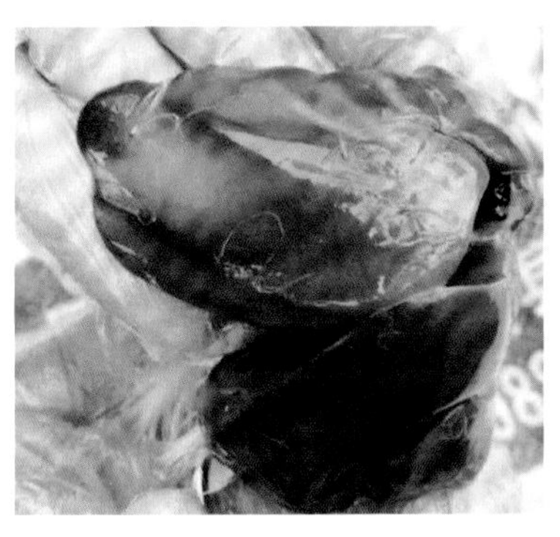

图3-5　肝脏肿大

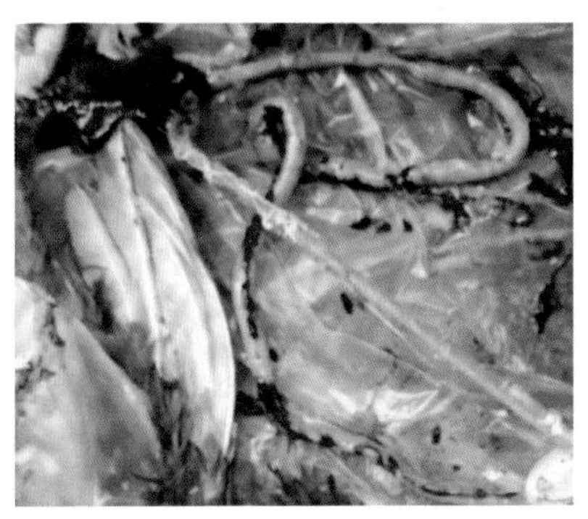

图3-6　肠道内白色条状绦虫

（四）诊断方法

根据临床症状和病理变化诊断。

（五）防治方法

（1）发现粪便中有绦虫节片，用韬线清集中早晨空腹1次投服，即可驱除体内绦虫线虫。

（2）治疗绦虫的同时，可以增加饲料中的维生素A和维生素K的含量，适量加入药物防止肠道梭杆菌混合感染，同时，加强饲养管理，增加饲料的营养浓度。

（3）定期预防驱虫。60日龄青年鸡，120日龄初产蛋鸡，各驱虫1次。成年产蛋鸡，5月和8月各预防驱虫1次。

（4）搞好环境卫生。由于本病的流行具有一定的季节性，所以，每年在苍蝇流行季节，要采取措施消灭苍蝇等中间宿主，墙壁定期喷洒施满易喷剂。对鸡群粪便及时发酵处理，尽量不让鸡只接触粪便。

三、蛔虫病

鸡蛔虫病是蛔虫寄生于鸡小肠内引起的疾病。该病遍及全国各地，是一种常见的寄生虫病。

（一）流行特点

地面饲养的各品种鸡均极易发病，3～9月龄的鸡最易感，成年鸡一般不发病但成为带虫者。蛔虫卵随粪便排出，在适宜的条件下发育成感染性虫卵，鸡吞食后即可感染。带有感染性虫卵的蚯蚓也可能成为传播媒介。

（二）临床症状

感染初期，鸡群中仅有少数表现异嗜癖、瘦弱、贫血，容易被忽视。随着病情的发展，病鸡逐渐增多，表现为两翅下垂、羽毛蓬松，鸡冠苍白，行走无力，下痢和便秘交替出现。

（三）病理变化

病死鸡十分消瘦。小肠黏膜发炎、水肿、充血或出血，肠壁上有颗粒状化脓灶或结节。肠道内可见到大小不同的线状虫体，虫体多时堵塞肠道，严重者肠穿孔（图3-7、图3-8）。

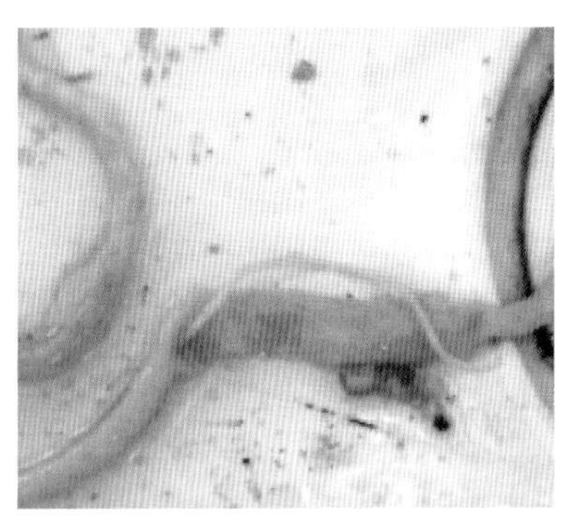

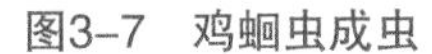

图3-7　鸡蛔虫成虫

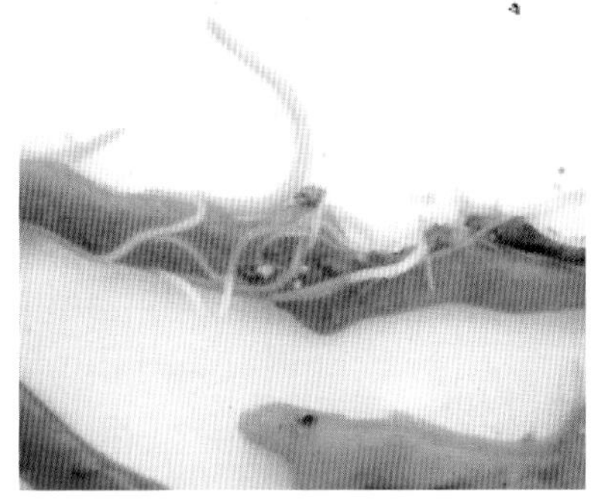

图3-8　大小不同的线状虫体堵塞肠道

（四）诊断方法

根据小肠内的虫体可作出明确诊断。

（五）防治方法

发生本病时，可选用左旋咪唑，每千克体重用量为20mg；或选用枸橼酸哌嗪（驱蛔灵），每千克体重用量为300mg；或选用丙硫苯咪唑，每千克体重用量为10～20mg，拌入饲料中1次用完。同时，应将粪便收集后销毁或无害化处理。

预防本病必须严格做好鸡群的卫生和管理工作，雏鸡和成年鸡应分开饲养。及时清除鸡舍内和运动场的粪便，堆积发酵，杀灭虫卵。每年定期1～2次对鸡群进行驱虫。

四、鸡组织滴虫病

鸡组织滴虫病又称传染性盲肠肝炎或黑头病，是由火鸡组织滴虫寄生于鸡盲肠和肝脏引起的一种急性原虫病。

（一）流行特点

该病一年四季均可发生，气候温暖、雨水较多的季节发病率、死亡率较高。不同品种的鸡对该病的敏感性存在差异，一般本地土鸡发病率较低，艾拔益加肉鸡（AA肉鸡）感染后发病率较高。4～6周龄的鸡和3～12周龄的火鸡对该病最为敏感，15～60日龄鸡发病率高。7日龄左右雏鸡易感染组织滴虫，死亡率在35%左右，150日龄蛋鸡感染率和死亡率较低。

（二）临床症状

病鸡初期表现精神委顿，食欲减退或废绝，羽毛蓬乱无光泽，双翅下垂，身体蜷缩怕冷，嗜睡；下痢，初期呈浅黄绿色或淡黄色，甚至呈“硫黄”样带泡沫的粪便，有的粪便带有血丝，甚至大量便血，呈干酪样，后期病鸡排褐色恶臭稀便；末期病鸡血液循环出现障碍，有的病鸡冠和肉髯呈紫色或暗黑色，出现“黑头样”的现象。蛋鸡感染后主要症状为下痢，产蛋量下降（图3-9）。

图3-9　冠及肉髯呈蓝紫色，故有“黑头病”之称

（三）病理变化

组织滴虫病的损害常限于盲肠和肝脏，盲肠的一侧或两侧发炎、坏死，肠壁增厚或形成溃疡，有时盲肠穿孔、引起全身性腹膜炎，盲肠表面覆盖有黄色或黄灰色渗物，并有特殊恶臭。有时这种黄灰绿色干酪样物充塞盲肠腔，呈多层的栓子样。外观呈明显的肿胀和混杂有红灰黄等颜色。肝出现颜色各异、不整圆形稍有凹陷的溃疡病灶，通常呈黄灰色，或是淡绿色。溃疡灶的大小不等，一般为1～2cm的环形病灶，也可能相互融合成大片的溃疡区。经过治疗或发病早期的雏火鸡，可能不表现典型病变，大多数感染鸡群通常只有剖检足够数量的病死禽只，才能发现典型病理变化（图3-10、图3-11）。

图3-10　肝脏的坏死灶，呈淡黄色或灰绿色，坏死灶周边隆起

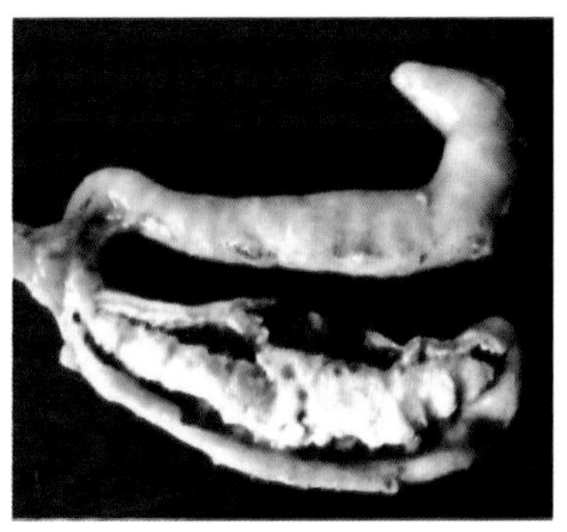

图3-11　盲肠表面覆盖有黄色或黄灰色渗物

（四）诊断方法

可根据流行病学、临床症状及特征性病理变化进行综合判断，尤其是肝脏与盲肠病变具有特征性，可作为诊断依据。虫体检查是该病确诊的依据，因此，根据硫黄样粪便、盲肠（取盲肠

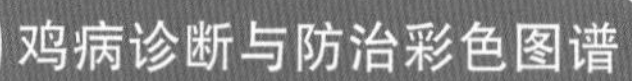

壁上的刮取物镜检）和肝脏特征性炎症并在坏死灶查出虫体即可确诊。

（五）防治方法

1. 预防

鸡组织滴虫病的主要传播方式是通过鸡异刺线虫虫卵为媒介，因此，有效的防控措施是减少或排出鸡异刺线虫。综合防控措施包括：

（1）各种禽类不要混养，饲养场地、用具尽量减少污染，鸡舍应保持干燥清洁、通风，便于及时清污。场地最好用水泥地面，栖息架用塑料网，粪便掉在下面，可以用水冲洗；粪便或垫料要经常打扫，堆积发酵，消灭虫体。饲槽、水槽每隔2～3天在阳光下暴晒1～2小时或每天刷洗1次。

（2）加强饲养管理，提高机体抗病力，可大大减轻鸡组织滴虫病的为害程度。

（3）对症状不明显及未出现症状的鸡群，用甲硝唑每千克体重200mg混入饲料中，连喂5天为1个疗程，停药3天，再用下一个疗程，连续3～5个疗程。

2. 治疗

（1）对鸡舍用0.5%的百毒杀、1%的菌虫清喷雾消毒，并隔离病鸡群与假定健康鸡群。

（2）在每千克饲料中加入甲硝唑1 000mg、维生素$K_3$15mg、维生素A6万国际单位。每天3次，连用5天。

（3）对病情严重的病鸡，用适量的甲硝唑、护肝片磨碎，拌入少许饲料，再加入适量的水，拌匀后填入嗉囊内，每天2次，2～3天可见明显好转。

（4）7天后用盐酸左旋咪唑，按每千克体重25mg的剂量投喂，驱除鸡盲肠内的异刺线虫，连用3天。

（5）在每千克清水中加入2%的水溶性环丙沙星1g，搅匀后供病鸡群自由饮用，连用5天，以控制继发感染。

（6）在每千克饲料中加入多种维生素600mg，连用1周，以消除应激反应，饮水时可加入适量的糖盐水，以恢复或促进鸡的消化功能，提高病鸡的抗病力。

（7）用中药进行治疗，青蒿、苦参、常山各500g，柴胡75g，何首乌80g，白术、茯神各600g，加水5kg煎汁，可供1 000只50日龄左右的病鸡饮用，或者供1 500只7～20日龄的病鸡饮用。集中饮水，每天2～3次，直到康复为止。

五、鸡住白细胞原虫病

鸡住白细胞虫病是由住白细胞虫寄生于鸡的白细胞、红细胞和一些内脏器官中引起的一种血孢子虫病。主要病变特点是内脏器官、肌肉组织广泛性出血及形成灰白色的裂殖体结节。鸡住白细胞虫病主要有卡氏住白细胞虫和沙氏住白细胞虫。鸡住白细胞虫病在我国的福建、广东等地相当普遍，呈地方性流行，对小鸡为害最为严重。

（一）流行特点

不同品种、性别、年龄的鸡均能感染发病，鸡的年龄与感染率成正比，而与发病率和死亡率成反比。本病的发生有明显的季节性，其流行与蠓、蚋的活动密切相关。卡氏住白细胞虫的传播昆虫为蠓，沙氏住白细胞虫的传播者为蚋。气温高时，蠓、蚋繁殖快、活力强，本病的发生和流行也较严重。南方地区一般发生在4—10月。

（二）临床症状

病鸡精神沉郁，减食或废食，羽毛松乱，排绿色稀便。随着病程的发展，病鸡表现的突出症状是贫血，鸡冠和肉垂苍白。严重病例常因出血、咯血、呼吸困难而死。病程较轻者生长发育迟缓，体重下降，两肢麻痹、无力，活动困难。蛋鸡产蛋量下降甚至停产，死亡率不高（图3-12、图3-13）。

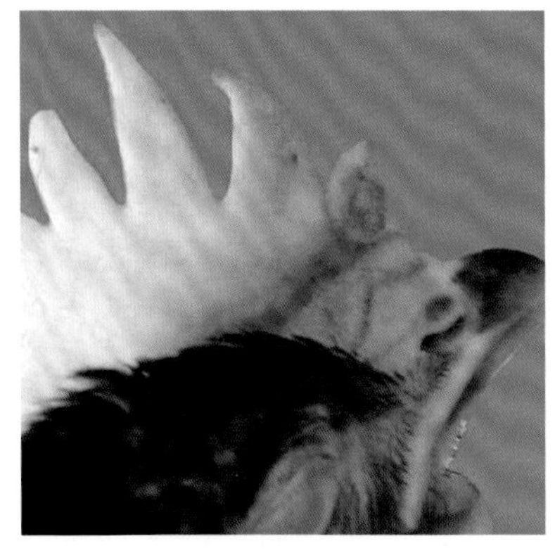

图3-12　鸡冠和肉髯呈粉红色或苍白

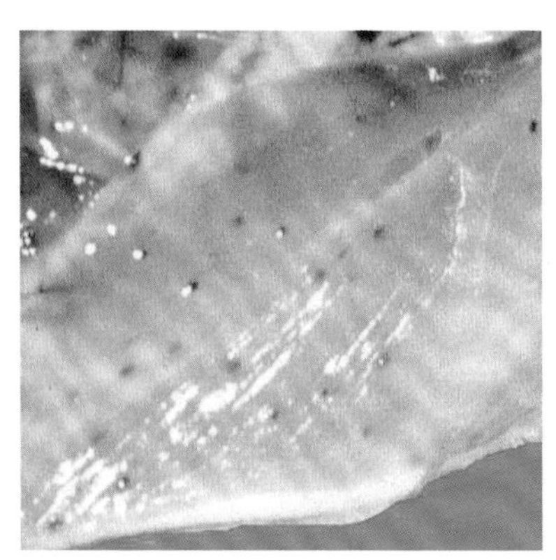

图3-13　胸肌苍白、出血

（三）病理变化

病死鸡表现鸡冠苍白、血液稀薄、骨髓变黄等贫血症状和全身性出血。出血可见于皮下、肌肉，特别是胸肌和腿肌常有出血点或出血斑；内脏器官广泛性出血，以肾、肺、肝出血最为常见，胸腔、腹腔积血；嗉囊、腺胃、肌胃、肠道出血，其内容物血样；脑膜、脑实质点状出血。本病的另一个特征是在胸肌、腿肌、心肌、肝、脾、肾、肺等多种组织器官有白色小结节，结节针头大至粟粒大，近圆形，有的向表面突起，有的只在组织中，结节与周围组织分界明显，有时其外围有出血环（图3-14、图3-15）。

图3-14　内脏器官广泛性出血

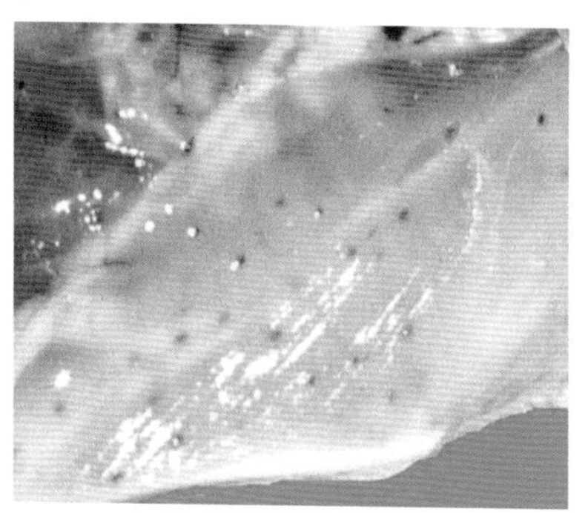

图3-15　胸肌苍白、出血

（四）诊断方法

根据剖检病变、流行特点和临床症状可作出初步诊断。确诊可进行病原体检查。

本病的临床症状和病理变化易与新城疫、霍乱、曲霉菌病和磺胺类药物中毒等相混淆，应注意鉴别。

（五）防治方法

耐过的病鸡体内仍有虫体存在。在流行地区选留种鸡群时应全部淘汰曾患过本病的鸡，同时，应避免引入病鸡。

流行地区在每年的流行季节，可以选用磺胺喹恶啉（每50kg饲料中加入25g，连续使用不得超过10天）、氯羟吡啶（克球粉，每50kg饲料中加入6g）、氯苯胍（每50kg饲料中加入1.5～3g）和磺胺二甲氧嘧啶（每50kg饲料中加入25g）等药物进行预防。治疗时，也可选用这些药物，使用剂量应适当加大。

在流行季节，每隔6～7天用马拉硫磷等药物喷洒鸡舍的纱窗及周围环境，以杀灭媒介昆虫蠓、蚋等。

第四章 鸡的普通病

一、痛风

痛风是由于鸡体内尿酸代谢障碍，血液中尿酸浓度升高，大量的尿酸经肾脏排泄受阻而造成尿酸中毒及尿酸盐蓄积的一种代谢性疾病，多发生于肉仔鸡和笼养鸡。

（一）病因

1. 饲管不当

（1）蛋白质饲料过多。如豆饼、动物内脏、鱼粉及肉骨粉等。

（2）维生素A缺乏。维生素A具有保护黏膜的作用，缺乏时可使肾小管、集合管和输尿管发生角化与鳞状上皮化生。由于上皮的角化与化生，黏液分泌减少，尿酸盐排出受阻形成栓塞物——尿酸盐结石，阻塞管腔，进而发生痛风。

（3）饲喂高钙饲料。在饲料成品中过多地添加石粉和贝壳粉，造成高钙低磷以致钙磷比例严重失调。

（4）饲喂劣质饲料。如劣质鱼粉、真菌、毒素及高盐等是造成肾脏损伤的不可忽视的因素。

（5）饮水不足。饮水不足是家禽痛风症的一个诱因。在炎热的夏季或长途运输时，若饮水不足，会造成机体脱水，促使尿浓缩，机体的代谢产物不能及时排出体外，而造成尿酸盐沉积在输尿管内，肾曲小管及输尿管被尿酸盐结晶阻塞，诱发痛风。

2. 某些抗菌药物的使用

许多药物对肾脏有损害作用，如磺胺类和氨基糖苷类抗生素、感冒通等在体内通过肾脏进行排泄，对肾脏有潜在性的危害。

3. 疾病因素

与鸡痛风有关的疾病主要有肾型鸡传染性支气管炎、鸡传染性法氏囊病、鸡沙门氏菌病等。鸡传染性支气管炎是鸡的一种高度接触性传染病，通常主要侵害呼吸道，但某些毒株具有强的嗜肾性，导致肾炎和肾功能衰弱。

（二）临床症状

可表现为内脏痛风和关节痛风，或2种同时存在。内脏型痛风的病鸡精神较差，贫血，鸡冠苍白，脱毛，羽毛蓬松、无光泽，消瘦，衰弱，爪失水干瘪，食欲减少或废绝，闭眼发呆，嗉囊空虚，腹泻，粪便中带有白色的尿酸盐。关节痛风表现在跖部和足部肿胀、增粗、变形，关节肿胀为1～1.5倍，触摸关节柔软，轻捏躲闪、挣扎，症状轻的站立不稳，症状重的不能站立而瘫痪，影响采食。

（三）病理变化

内脏型痛风，死后剖检的主要病理变化，在胸膜、腹膜、肺、心包、肝、脾、肾、肠及肠系膜的表面散布许多石灰样的白色尖屑状或絮状物质。此为尿酸钠结晶。有些病例还并发有关节型痛风。

关节型痛风，剖检时切开肿胀关节，可流出浓厚、白色黏稠的液体，滑液含有大量由尿酸、尿酸铵、尿酸钙形成的结晶，沉着物常常形成一种所谓“痛风石”（图4-1、图4-2）。

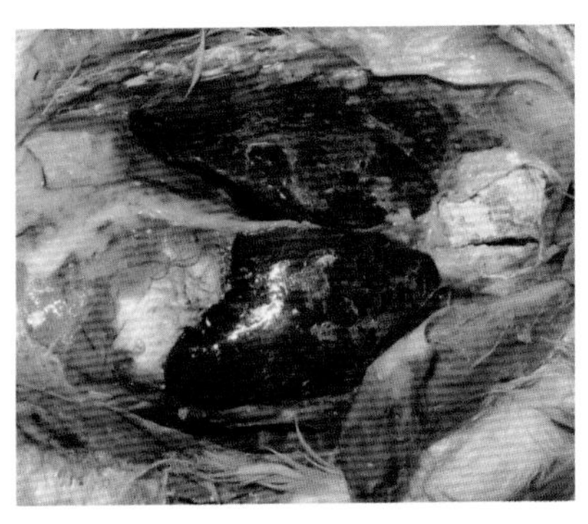

图4-1　心外膜及肝脏表面尿酸盐沉积

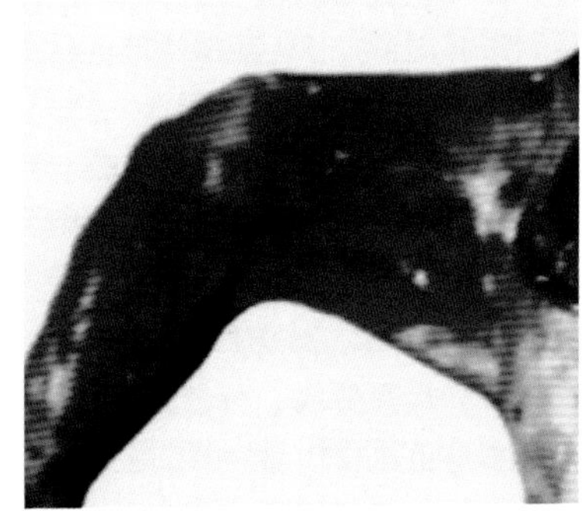

图4-2　腿肌中有尿酸盐沉积

（四）诊断方法

根据剖检变化即可确诊。但需与肾型鸡传染性支气管炎相鉴别，肾型鸡传染性支气管炎其肾脏中尿酸盐沉积较少，输尿管中、肝脏、肠道表面一般无尿酸盐沉积。该病发病急，发病率高，日粮中蛋白质及钙盐正常。取病鸡心脏、肝脏和肿大关节囊液涂片镜检，未见致病菌，见许多针状尿酸盐结晶，粪便检查，未见寄生虫虫卵。

（五）防治方法

1. 预防

（1）加强饲养管理，保证饲料的质量和营养的全价。根据鸡的营养需要合理配制日粮，不能盲目增加豆饼及鱼粉的含量，应添加充足的维生素或使用一定量的青绿饲料，按标准饲喂动物性高蛋白饲料。不同生长阶段的配合饲料不能随意调换，注意钙磷比例，是预防该病发生的关键。

（2）发现病鸡及时确诊，查清病因再治疗。注意防治肾型鸡传染性支气管炎、鸡传染性法氏囊病，以减少对肾的损害。

（3）合理用药，切不可超量和长期使用磺胺类药物等。

2. 治疗

（1）发病后应降低日粮中的蛋白质水平，同时，补充维生素A、维生素D和维生素B_{12}，也可添加鱼肝油。保证充足清洁的饮水。

（2）可试用阿托品治疗，成鸡内服0.2～0.5g，可提高肾排泄尿酸盐的能力。用维生素D_2胶性钙注射液，1次肌内注射1～2mL，每天1次，7天为1个疗程。

（3）在充足饮水中加适量高锰酸钾及0.5%的食用碱或0.5%的碳酸氢钠饮3天，然后含量改为0.25%再饮3天，促进体内尿酸盐排出。

二、啄癖

啄癖是养鸡生产中的一种多发病，常见的有啄羽、啄趾、啄背、啄肛、啄头等。轻者使鸡受伤，重者造成死亡。如不及时采取措施，啄癖会很快蔓延，带来很大的经济损失。

（一）病因

（1）饲料搭配不当。若日粮中缺乏蛋白质、纤维素易引起啄肛；缺乏含硫氨基酸易导致啄羽、啄肛；钙含量不足或钙磷比例失调，会引起啄蛋；日粮单一，饲喂量不均或搭配不当，会导致微量元素和维生素缺乏而引起啄癖。

（2）饲养密度过大，通风不良，鸡群拥挤，缺乏运动，采食、饮水不足等，会引起啄癖。

（3）光照过强，鸡群兴奋而互啄，或产蛋鸡暴露在阳光下，母鸡不能安静产蛋，常在匆忙间产蛋后肛门外凸，而招致其他鸡啄食。

（4）皮肤有疥癣寄生虫刺激皮肤，先自行啄羽毛，有创伤后，其余的鸡一起啄创伤处。

（5）育雏室闷热且密度大，或育雏室温度低，雏鸡拥挤易引起啄癖。

（二）临床症状

病鸡腹侧、尾部羽毛被啄脱，皮肤出血、结痂。泄殖腔常被啄得血肉模糊，甚至将后半段肠管啄出吞食（图4-3、图4-4）。

图4-3　肛门被啄出血

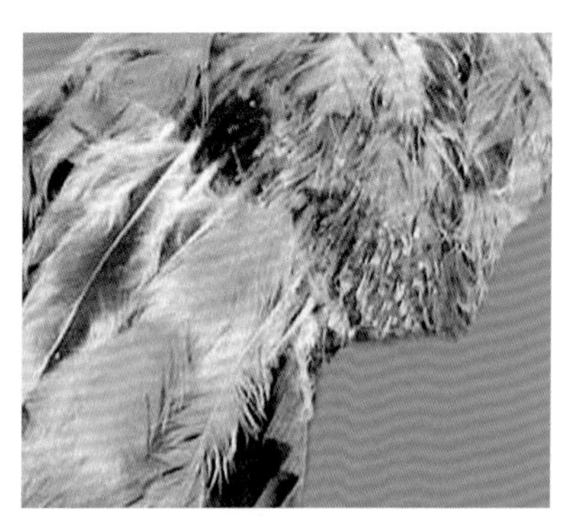

图4-4　翅部羽毛被啄，皮肤受损出血

（三）病理变化

肛门及泄殖腔周围的组织器官均被啄烂、出血，可看到出血性干性坏死。

（四）诊断方法

根据临床症状和病理变化即可确诊。

（五）防治方法

1. 预防

（1）断喙。于6～9日龄断喙可有效地预防啄癖的发生。

（2）合理分群。按鸡的品种、年龄、公母、大小和强弱分群饲养，以避免发生啄斗。

（3）加强管理。鸡舍要通风良好，舍温保持为18～25℃，相对湿度以50%～60%为宜。饲养密度以雏鸡20只/m^2、育成鸡7～8只/m^2、成年鸡5～6只/m^2为宜，设置足够的食槽和水槽。

（4）光照不宜过强。利用自然光照时，可在鸡舍窗户上挂红色帘子或用深红色油漆涂窗户玻璃，使舍内仅产生一种暗红色。

（5）合理配制饲料。雏鸡料中的粗蛋白含量应达到16%～19%，产蛋期不低于16%；饲料中的矿物质（如钙、磷）应占2%～3%。

（6）产蛋箱要足够，并设置在较暗的地方，使母鸡有安静的产蛋环境。

（7）有外寄生虫时，鸡舍、地面、鸡体可用0.2%的溴氰菊酯进行喷洒，对皮肤疥螨病可用20%的硫黄软膏涂擦。

（8）平养鸡可在运动场上悬挂青菜让鸡群啄食，既分散鸡的注意力，减少啄癖，又可补充维生素。

2. 治疗

（1）出现啄癖时，可在饲料中加0.1%～0.2%的蛋氨酸连用3～4天。或在饲料中增加0.2%的食盐，饲喂4～5天，并挑拣出有啄癖的鸡。

（2）若为单纯啄羽可用0.3%的人工盐溶液，连饮3～5天。也可用硫酸亚铁和维生素B_{12}治疗。方法是：体重0.5kg以上者，每只鸡每次口服0.9g硫酸亚铁和2.5g维生素B_{12}，体重小于0.5kg者，用药量酌减，每天2～3次，连用3～4天。

（3）对鸡被啄的伤口，涂以有特殊气味的药物，如鱼石脂、松节油、碘酊、甲紫，使别的鸡不敢接近，利于伤口愈合。

三、嗉囊阻塞

嗉囊阻塞又称嗉囊积食，是嗉囊内的食物不能向胃及肠管运行，积滞于嗉囊内，造成嗉囊膨大坚硬，故又称硬嗉病。

（一）病因

任何年龄的鸡都可发生，以幼鸡为多见。该病主要由采食过量的干硬谷物如玉米、高粱、大麦等以及异物如垫料、金属碎片、玻璃碎片、骨片等杂物长期蓄积在嗉囊内而引起。此外，喂给长的干草、大的块根和硬皮壳饲料以及日粮配合不当、缺乏维生素和矿物质饲料等，均可引起该病。

（二）临床症状

病鸡精神沉郁，倦怠无力，食欲减退或废绝，翅膀下垂，不愿活动。嗉囊内充满大量的食物而膨大，触诊坚硬长期不能消化。有时产生气体，由口腔内发出腐败的气味。有时可触摸到里面的异物。轻者影响食物的消化和吸收，生长发育迟缓。成年鸡则产蛋下降或停产。

（三）病理变化

腺胃、肌胃和十二指肠全部发生阻塞，使整个消化道处于麻痹状态。有时造成嗉囊破裂或者穿孔，最后引起死亡（图4-5）。

图4-5　消化道阻塞状

（四）诊断方法

结合临床症状与病理变化可确诊。

（五）防治方法

1. 预防

该病主要是加强饲养管理，饲料配合要适当，饲喂的时间、数量要有规律，喂块根饲料要切碎，并防止采食过长的饲料和异物等，供给充足的清洁饮水，加强运动。

2. 治疗

发生该病时要积极治疗，主要是排出嗉囊内的阻塞物并加强护理。排出阻塞物，可根据阻塞程度，而采用下述各种方法。

（1）阻塞不太严重时，可采取冲洗法　即将温热的生理盐水或1.5%的碳酸氢钠溶液，用一种长嘴球形注射器，将其直接注入嗉囊内，至嗉囊膨胀为止。然后将鸡头朝下，用手轻轻按压嗉囊，将嗉囊内的积食和水一起排出。此法可以重复采用，至阻塞物排净为止。嗉囊排空后，投喂油类泻剂，通常第二天即可恢复。

（2）嗉囊积食坚硬，可采取手术疗法其方法为先将嗉囊部位的毛拔掉冲洗干净、消毒，然后沿嗉囊内侧切开皮肤，切口为1.5～3cm。随后纵切嗉囊（勿切断血管），用钳子夹出内容物，以0.1%的高锰酸钾溶液洗净后，用丝线做连续缝合，皮肤做结节缝合，创口撒磺胺粉（或用2%的碘酊涂擦）。

四、肌胃糜烂症

肌胃糜烂症又称为肌胃角质层炎，是由于饲料中过量的鱼粉、鱼粉质量低劣或饲料霉败变质而引起的一种非传染性的群发病。主要表现为肌胃发生糜烂和溃疡，甚至穿孔。

（一）病因

该病主要发生于肉鸡，其次为蛋鸡。发病年龄多数在2周龄至2.5月龄，呈散发性发生。病鸡死亡率高达10%以上，受害鸡的增重及饲料转化率均下降。鱼粉中含有的某些有害物质，包括肌胃糜烂素、组胺、细菌与真菌毒素以及掺假所用的羽毛粉、皮革粉、尿素可促使该病发生。

（二）临床症状

病鸡精神沉郁，食欲减少，步态不稳，闭眼缩颈，羽毛蓬松，嗜睡。鸡冠及肉髯苍白。倒提时用手挤压嗉囊，可从口中流出黑褐色稀薄如酱油色的液体，腹泻，排出棕色或黑褐色软便，肛门周围羽毛粘有黑褐色稀粪。

（三）病理变化

嗉囊呈黑色，从口腔到直肠的消化道内有暗褐色液体，尤其是嗉囊、腺胃及肌胃内积满暗黑色液体。腺胃松弛、无弹性，腺胃乳头部扩张、膨大，刀刮时有褐色液体流出，肌胃中充满黑色的食物，肌胃角质膜糜烂。严重的病例可在腺肌胃交界处穿孔，流出大量的暗黑色黏稠液体，污染十二指肠或整个腹腔。在消化道中以十二指肠病变较显著，其内容物呈黑色，黏膜易剥离，肝脏苍白（图4-6）。

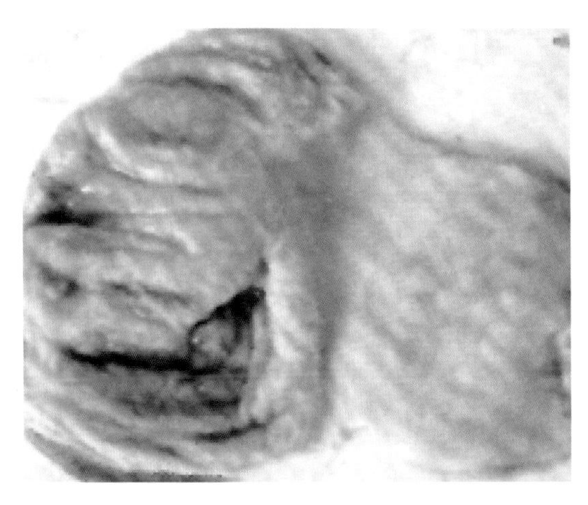

图4-6　腺胃松弛、无弹性

（四）诊断方法

该病根据剖检变化如肌胃与腺胃及其交界处、十二指肠开始部有溃疡及糜烂，消化道内容物呈黑色，同时，对饲料进行分析，检查鱼粉的含量、鱼粉的来源等即可确诊。

（五）防治方法

1. 预防

（1）在每千克饲料中添加10mg甲腈咪胍、西咪替丁治疗消化道溃疡极为有效。

（2）使用鱼粉配制基础饲料喂鸡时，必须经常观察鸡群，一旦发生黑色呕吐物，应及时更换或减少鱼粉用量，以减少到5%以下为宜。

（3）正确把握鱼粉使用量，雏鸡和育成鸡饲料中含3%左右；产蛋鸡含2%左右；肉仔鸡前期3%～4%，后期2%～3%，如果超过5%则易发生肌胃糜烂症。

（4）采用酸碱对抗剂。由于肌胃糜烂症在酸性条件下发病率高，在中性或碱性条件下则发病率低，可在饲料中或饮水中添加0.2%～0.4%的碳酸氢钠溶液进行预防。

2. 治疗

（1）发病后应及时更换饲料，使用优质鱼粉，并调整鱼粉含量。

（2）饮水中加入0.4%的碳酸氢钠溶液，早晚各饮1次，连用3天。饲料中添加维生素K_3和0.01%的环丙沙星，连用3天。

五、脂肪肝综合征

脂肪肝综合征又称脂肪肝出血综合征，是我国各地养鸡业的一种常见病，给现代密集型养鸡业带来了严重的经济损失，因此，引起世界各国的高度重视。

（一）病因

该病是发生于产蛋鸡和肉用仔鸡的一种脂类代谢障碍性疾病。于6—9月炎热季节多发，普遍发生于产蛋高峰期且膘情良好的笼养蛋鸡，也发生于10～30日龄肉仔鸡。

（二）临床症状

发病鸡无明显症状，主要表现为鸡肥胖。蛋鸡和肉用种鸡生产性能下降。

肉用仔鸡嗜睡、麻痹和突然死亡。有些病例呈现生物素缺乏症的表现，喙周围的皮炎、足趾干裂，羽毛生长不良。由于肝外膜破裂引起致命性的出血，导致鸡的死亡。

（三）病理变化

肝脏明显肿大，色泽变黄，质脆易碎，有油腻感，仔细检查就会发现肝脏表面有条状破裂区域和小的出血点，血凝块可进入腹腔。

急性死亡时，鸡冠、肉髯和肌肉苍白。体腔内有大量血凝块，并部分地包着肝脏，肝实质中可能有小血肿，呈深红色或褐色至绿色，其色泽与血肿形成的时间长短有关，前者为新鲜出血，后者为陈旧性出血。腹腔内、内脏周围、肠系膜上有大量的脂肪。如果在该病暴发中和暴发后检查时，看似临床健康的同群鸡中也可见到类似的肝实质中的血肿和体脂增多现象。死亡鸡处于产蛋高峰状态，输卵管中常有正在发育的蛋（图4-7、图4-8）。

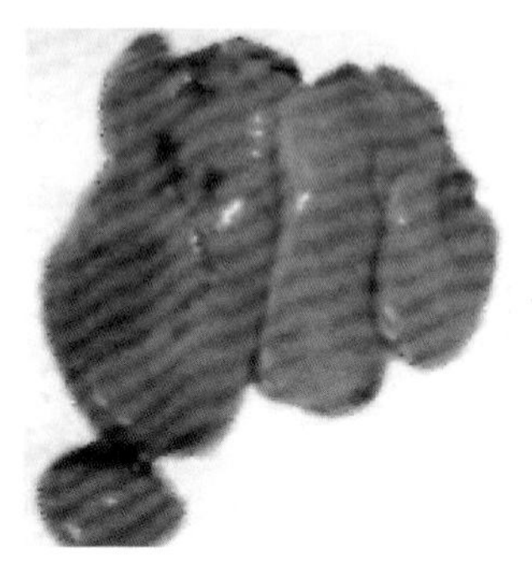

图4-7　肝脏明显肿大，色泽变黄

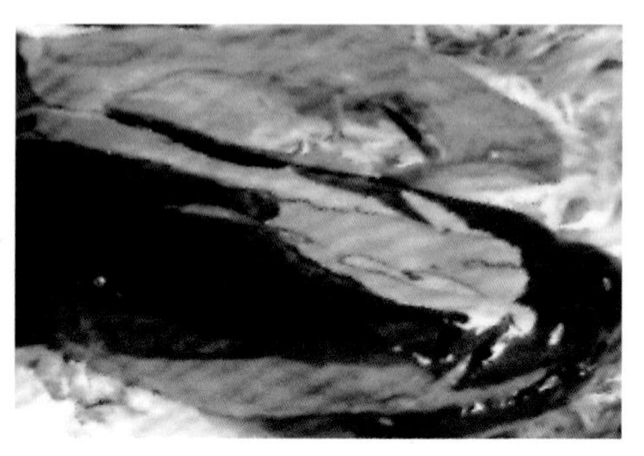

图4-8　肝脏破裂出血

（四）诊断方法

根据病鸡的临床症状及病理变化，加上对饲料配方的分析可对该病作出诊断。

（五）防治方法

1. 预防

（1）合理搭配日粮。日粮应根据不同的品种、产蛋率进行科学配制，使能量和生产性能比控制在合理的范围内。可有效减少脂肪肝的发生，同时，不影响产蛋率。

（2）限饲。依照鸡群的不同产蛋阶段，不同气温采用分阶段饲养法，认真监测育雏育成期体重变化，8周龄时应严格控制体重，不可过肥，对饲料量不能无限制自由采食，应适当控制。当平均体重超过标准体重的5%时，要立即进行限饲。鸡群产蛋高峰前限量要小，高峰后限量应大，小型鸡种可在120日龄后开始限饲，一般限饲8%～12%。

（3）饲料中添加营养物质。如饲料中添加维生素E、生物素、胆碱、维生素B、蛋氨酸、亚硒酸钠等可以预防和控制脂肪肝综合征。

（4）加强饲养管理。重视鸡舍通风，减少有害气体（氨气、二氧化碳、硫化氢等），保持空气新鲜。防止热应激，减少捕捉、噪声等应激因素对预防该病有重要意义。

2. 治疗

用护肝清、三征肝泰药物治疗，连用10天，并补充多种维生素、氯化胆碱等；调整日粮，降低日粮中能量饲料玉米的含量由62%下降到50%，氯化胆碱从0.5%升高到2%，持续1周，适当补加蛋白质饲料，淘汰过肥无治疗价值的病鸡。

氯化胆碱0.1～0.2g，1次喂服，每天1次，连用10天。

维生素E 1 000国际单位，拌入100kg饲料中喂服，连用10天。

六、肉鸡腹水综合征

肉鸡腹水综合征是以引起心包积液和大量腹水为特征的一种非传染性疾病。肉鸡腹水综合征因早期发病死亡又称为肉鸡猝死综合征、暴死症或急性死亡综合征。主要特征为肌肉丰满，外观健康的肉鸡突然死亡与明显的心包积液和腹水、右心扩张，肺充血、水肿以及肝脏出现病变。由于饲养水平的不断提高，此病近年来对肉鸡业的为害日益严重，并且由于其他禽病防治的进展，此病的为害更加突出。

（一）病因

诱发该病的因素有遗传因素、环境因素、饲料因素等，一般都是机体缺氧而致肺动脉压升高，右心室衰竭，以致体腔内发生腹水和积液。

（二）临床症状

病鸡精神沉郁，羽毛蓬乱，饮水和采食量减少，生长迟缓，冠和肉髯发绀。病情严重者可见皮肤发红，呼吸速度加起，运动耐受力下降。该病特征性症状是病鸡腹围明显增大，腹部臌胀下垂，腹部皮肤变得发亮或发紫，行动迟缓呈鸟步样，有的站立不稳以腹着地如企鹅状。该病发展往往很快，病鸡常在腹水出现后1～3天内死亡（图4-9）。

图4-9　病鸡腹部下垂，行走和站立如企鹅

（三）病理变化

主要病变包括：腹腔内有100～500mL甚至更多的淡黄或淡红黄色半透明腹水，内有半透明胶冻样凝块；肝瘀血肿大，呈暗紫色，表面覆盖一层灰白色或黄色的纤维素酶，质地较硬；心包膜混浊增厚，心包液显著增多，心脏体积增大，右心室明显肥大扩

张，心肌松弛；肾肿大瘀血；肠道黏膜严重瘀血，肠壁增厚；胸肌、腰肌不同程度瘀血；皮下水肿；脾大，色灰暗；肺呈粉红色或紫红色，气囊混浊；盲肠扁桃体出血；法氏囊黏膜泛红；喉头气管内有黏液（图4-10、图4-11）。

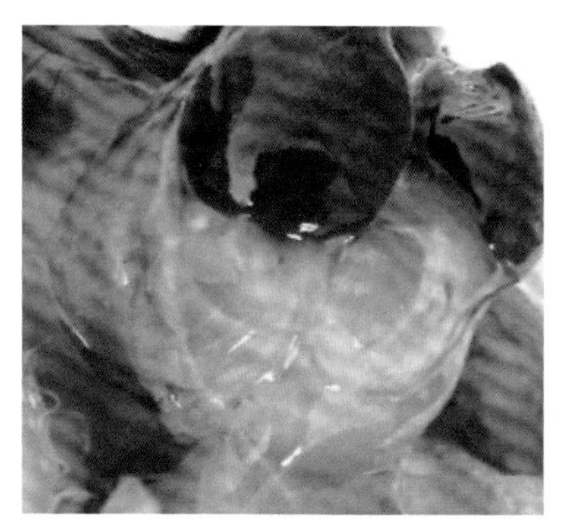

图4-10　腹腔内有淡红黄色半透明腹水

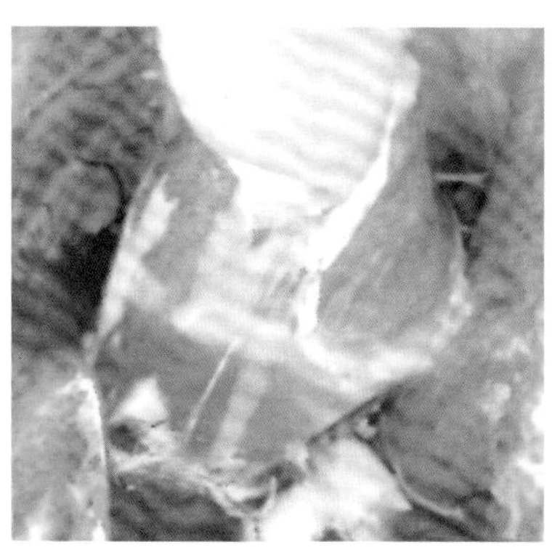

图4-11　心包积存大量淡黄色液体

（四）诊断方法

对肉鸡腹水综合征目前尚无特异性诊断方法，一般通过综合判断即可确诊。外观健康，生长发育良好，死后出现明显的仰卧姿势；肠道充盈，嗉囊及肌胃充满刚刚采食的饲料，胆囊小或空；呼吸困难，肺瘀血，水肿；循环障碍明显，心房扩张、瘀血，心室紧缩；后股静脉瘀血、扩张；无确诊的传染病和挤压致死现象。

（五）防治方法

1. 预防

（1）在饲养管理上，采取良好的管理措施，实施光照强度低的渐增光照程序。使用以玉米和植物油为能量源的平衡日粮。限制饲养，降低肉鸡的生长速度。由于该病的病因复杂，因此，必须采取综合性防治措施，才能有效地控制其发生。

（2）抑制肠道中氨的水平。在饲料中添加尿酶抑制剂，死亡率降低，且日增重和饲料转化率都略有改善。

（3）添加碳酸氢钠。碳酸氢钠可中和酸中毒，使血管扩张而使肺动脉压降低，从而降低肉鸡腹水综合征的发病率。

（4）改善饲养环境。调整饲养密度，改善通风条件，减少舍内有害气体及灰尘的含量，保证有充足的氧气。

（5）孵化补氧。孵化缺氧是导致肉鸡腹水综合征的重要因素，所以在孵化的后期，向孵化器内补充氧气能产生有益的作用。

（6）减少应激反应。避免不良因素对鸡群的刺激是预防肉鸡腹水综合征的基础措施。

2. 治疗

一旦病鸡出现临床症状，单纯治疗常常难以奏效，多以死亡而告终。但以下措施有助于减少死亡，降低损失。

（1）用12号针头刺入病鸡腹腔先抽出腹水，然后注入青霉素、链霉素各2万国际单位，经2～4次治疗后可使部分病鸡恢复基础代谢，维持生命。

（2）发现病鸡首先使其服用大黄苏打片（20日龄雏鸡，每天每只1片，其他日龄的鸡酌情处理），以清除胃肠道内容物，然后喂服维生素C和抗生素。以对症治疗和预防继发感染，同时，加强舍内外卫生管理和消毒。

（3）给病鸡皮下注射1～2次亚硒酸钠（1mg/mL）0.1mL，或服用利尿剂。

（4）应用脲酶抑制剂，用量为125mg/kg饲料，可降低患腹水综合征肉鸡的死亡率。

七、卵黄性腹膜炎

卵黄性腹膜炎是卵巢释放的卵黄在某些外在因素的影响下，误入腹腔所致的一种疾病。

（一）病因

一是卵黄即将向输卵管伞落入时，鸡突然受到惊吓，卵黄可误入腹腔中；二是饲料中钙磷及维生素A、维生素D、维生素E不足，蛋白质过多，使代谢发生障碍，造成卵巢、卵泡膜或输卵管伞损伤，致使卵黄落入腹腔中；三是继发于一些传染病，如鸡白痢、鸡大肠杆菌病、禽流感等。

（二）临床症状

病鸡不产蛋，随后精神不振，食欲减退，行动迟缓，腹部过于肥大而下垂，严重者腹部拖地呈“企鹅样”姿势。

（三）病理变化

对病死鸡进行剖检，可见大量的灰黄色或者淡黄色的炎性渗出物存在于腹腔内，主要是卵子，同时，还有一层浅黄色或者黄色纤维素性渗出物覆盖在腹腔内脏器官的表面，导致肠管彼此间发生粘连；或者有蛋黄凝块积聚在腹腔内，有时甚至能够形成拳头大小的凝块，这也是导致死亡率提高的原因之一（图4-12、图4-13）。

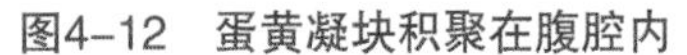
图4-12　蛋黄凝块积聚在腹腔内

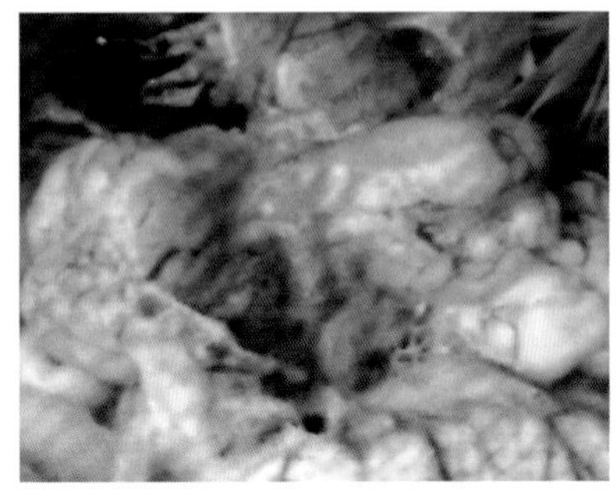

图4-13　卵泡变形、变色

（四）诊断方法

该病诊断的重要依据是腹腔中出现黄色或淡黄色黏稠物质附着在内脏表面，可能使内脏粘连。

（五）防治方法

1. 预防

根据发病原因，制定针对性的预防措施。一是保证日粮中各种营养成分的平衡，供应充足的钙、磷及维生素饲料，调整饲料中蛋白质的水平；二是鸡在产蛋期间，保持一个安静的环境，防止受到突然的惊吓；三是及时防治鸡沙门氏菌病、鸡大肠杆菌病等，一旦发现病鸡应立即淘汰。

2. 治疗

该病无治疗价值。

八、输卵管炎

输卵管炎是指输卵管发生炎症，是产蛋鸡的一种常见病，病因比较复杂，是威胁养鸡业健康发展的多发疾病之一。

（一）病因

该病常发生于产蛋母鸡，雏鸡和育成鸡也可发生。鸡舍卫生条件太差，泄殖腔被细菌（如鸡白痢沙门氏菌、鸡副伤寒沙门氏菌、鸡大肠杆菌等）严重污染而后又侵入输卵管；或饲喂动物性饲料过多，产蛋过大或产双黄蛋，有时蛋壳在输卵管中破裂，损伤输卵管；产蛋过多、饲料中缺乏维生素A、维生素D、维生素E等均可导致输卵管炎。

（二）临床症状

鸡群外观一切正常，但产蛋无高峰期，随着病情的发展，病鸡开始发热，病鸡冠厚、鲜红，腹部下垂，主要表现为疼痛不安，产出的蛋其蛋壳上往往带有血迹。

（三）病理变化

雏鸡和育成鸡患病时，输卵管明显增粗，内积黄白色干酪样物质。成年鸡发病时，可见输卵管局部高度扩张，内积多少不等的白色或淡黄色异常渗出物；有的积存淡黄色干酪样异常分泌物，表面不光滑，切面呈轮层状；输卵管壁水肿、充血、变厚，有时黏膜有出血点，有时在输卵管内可见到多个积聚在一起的大块干酪样物质。卵泡变性、变形、充血、出血、坏死或萎缩（图4-14、图4-15）。

（四）诊断方法

该病由于在外观上缺乏特征性的外在表现，活体诊断较为困难。只有结合临床表现以及剖检变化进行综合判断方可确诊。

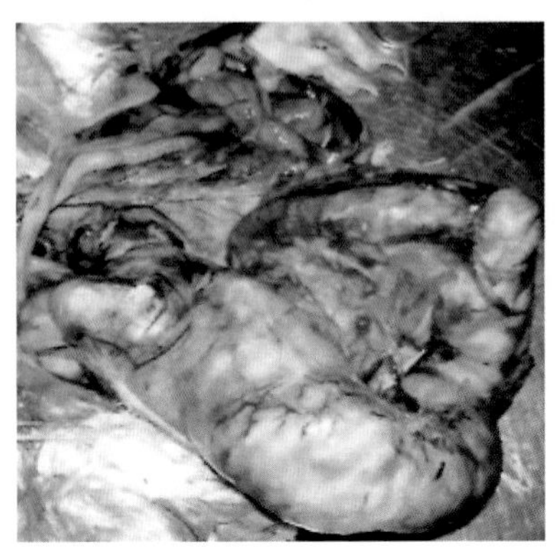

图4-14 输卵管内积聚淡黄色干酪样物质

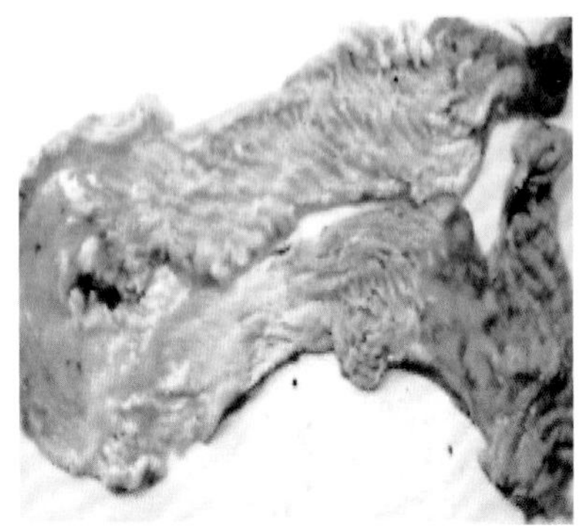

图4-15 输卵管黏膜潮红

（五）防治方法

1. 预防

（1）对待该病主要以预防为主。平时注意加强饲养管理，改善鸡舍卫生条件，合理搭配日粮，并适当喂些青绿饲料。由于该病大多由细菌感染引起，因此，痊愈后的鸡不宜留作种用。

（2）对育成鸡或产蛋鸡来讲，应保持环境的稳定和丰富营养物质的供应。发生该病后，若为继发性，要积极治疗原发性疾病，如禽流感、鸡新城疫、鸡住白细胞原虫病等。如果是由于鸡大肠杆菌引起，则可使用丁胺卡那霉素、庆大霉素、氟苯尼考、环丙沙星等敏感性药物，以防止疾病的蔓延。

2. 治疗

（1）发病后应立即隔离检查，如有蛋卵停留在泄殖腔内（蛋秘），向泄殖腔内灌入润滑剂类，促使卵排出体外。然后用注射器吸入温水或者低浓度的高锰酸钾液注入泄殖腔和输卵管下部进行冲洗。

（2）中药可用蛋福配合旺蛋365拌料治疗5～7天即可，疗效十分显著。

（3）用0.05%的高锰酸钾溶液或0.2%的新洁尔灭溶液冲洗输卵管，然后注入青霉素或链霉素。用土霉素或氟苯尼考拌料喂服鸡群。

九、锰缺乏症

锰是正常骨骼形成所必需的元素。它在体内参与多种物质的代谢活动，促进机体的生长、发育和提高繁殖力。鸡对这种元素的需要量是相当高的，易发生缺锰现象，以骨短粗病为其主要特征。

（一）病因

该病主要是由于日粮内锰缺乏而引起的。玉米和大麦含锰量最低，在低锰土壤生长的植物含锰量也低，鸡摄取这样的饲料就会发生锰缺乏症。不同品种的鸡对锰的需要量也有较大的差异。重型品种比轻型的需要量要多。其次，锰缺乏也可能是由于机体对锰的吸收发生障碍所致。已证实，饲料中钙、磷、铁以及植酸盐含量过多，可影响机体对锰的吸收和利用。高磷酸钙的日粮会加重鸡锰的缺乏，由于锰被固体的矿物质吸附而造成可溶性锰减少所致。鸡患鸡球虫病等胃肠道疾病时，也妨碍对锰的吸收利用。高密度集约化饲养也是该病发生的诱因。

（二）临床症状

病幼鸡的特征症状是生长停滞，骨短粗症。胫-跗关节增

大，胫骨下端和跖骨上端弯曲扭转，使腓肠肌腱从跗关节的骨槽中滑出而呈现“滑腱症”。病鸡腿部变弯曲或扭曲，腿部关节扁平而无法支持体重将身体压在跗关节上。严重病例多因不能行动无法采食而饿死。成年母鸡所产种蛋孵化率显著下降，鸡胚大多数在快要出壳时死亡。胚胎躯体短小，骨骼发育不良，翅短，腿短而粗，头呈圆球样，喙短弯呈特征性的“鹦鹉嘴”。此鸡胚为短肢性营养不良症（图4-16至图4-19）。

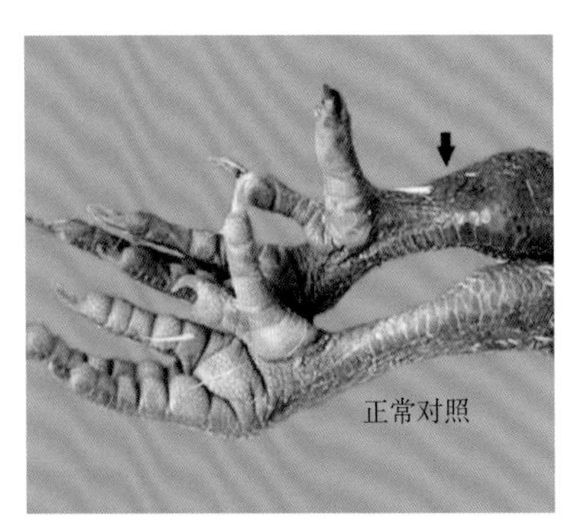

图4-16　跗关节肿大、变形

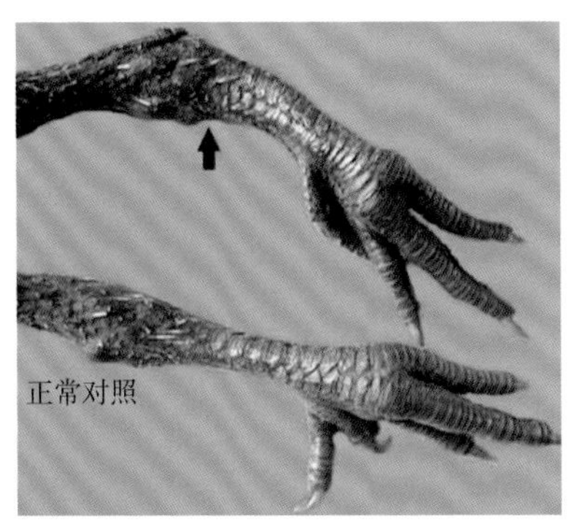

图4-17　骨、关节弯曲变形，跖骨短粗

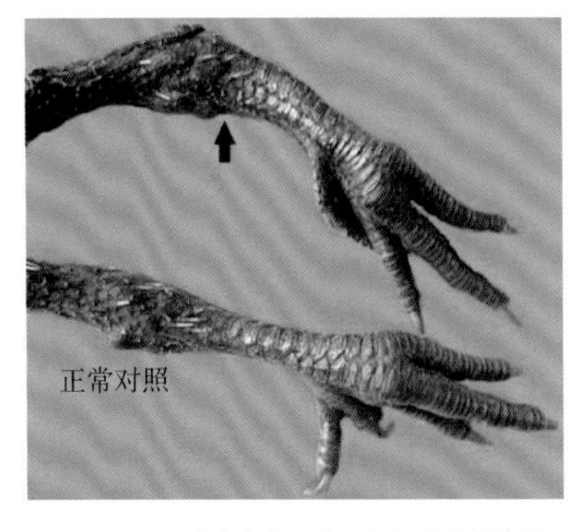

图4-18　左侧腓肠肌腱向内侧滑脱

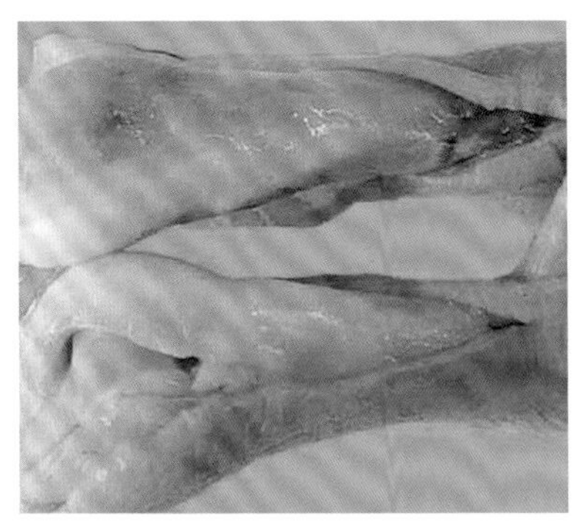

图4-19　跗关节肿大

（三）病理变化

该病死亡鸡的骨骼短粗，管骨变形，骺肥厚，骨板变薄，剖面可见密质骨多孔，在骺端尤其明显。骨骼的硬度尚且良好，相对重量未减少或有所增多。

（四）诊断方法

根据病史、临床症状和病理变化可作出诊断。若要作出确切诊断，可对饲料、鸡器官组织的锰含量进行测定。

（五）防治方法

为防治雏鸡骨短粗症，可于100kg饲料中添加12～24g硫酸锰，或用1∶3 000高锰酸钾溶液作饮水，每天更换2～3次，连用2天，以后再用2天。糠麸为含锰丰富的饲料，每千克米糠中含锰量可达300mg左右。

十、钙缺乏症

钙是维持鸡生理功能的重要矿物元素。对于骨骼生长、血液凝固，心脏正常活动、肌肉收缩、酸碱平衡、细胞通透性以及神经活动都是十分必要的。鸡的钙缺乏征是以骨骼发生疾患为特征的营养代谢性疾病。

（一）病因

饲料中的钙含量不足，或钙磷比例不当；维生素D含量不足，导致钙的吸收和利用障碍；慢性胃肠疾病，引起消化功能障碍。光照不足、缺乏运动。

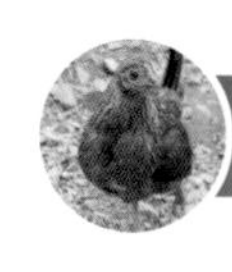

（二）临床症状

雏鸡发生佝偻病，成鸡发生骨软病。当雏鸡缺钙时，由于骨基质钙化不足，造成骨骼柔软，表现食欲降低，生长缓慢，腿骨弯曲，膝关节和跗关节肿胀，骨端粗大，跛行，瘫软无力，步态不稳，喙和趾变软。当成鸡缺钙时，首先表现为产薄壳蛋和产蛋量下降，可能发生自发性骨折，尤其是胫骨和股骨。此时病鸡表现行走无力、站立困难或瘫于笼内，肌肉松弛，腿麻痹，翅膀下垂，胸骨凹陷（图4-20、图4-21）。

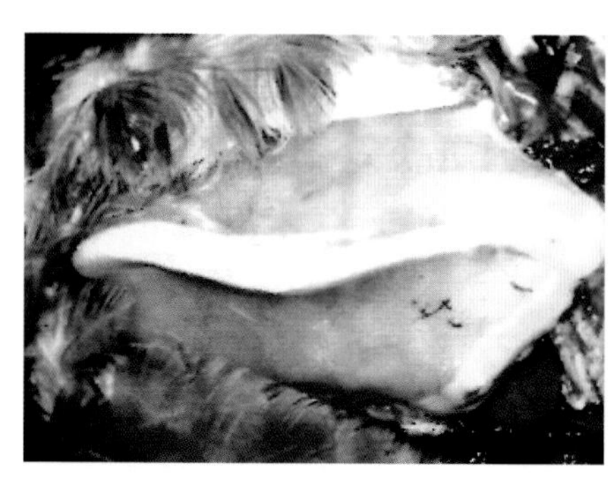

图4-20　龙骨弯曲变形“S”状

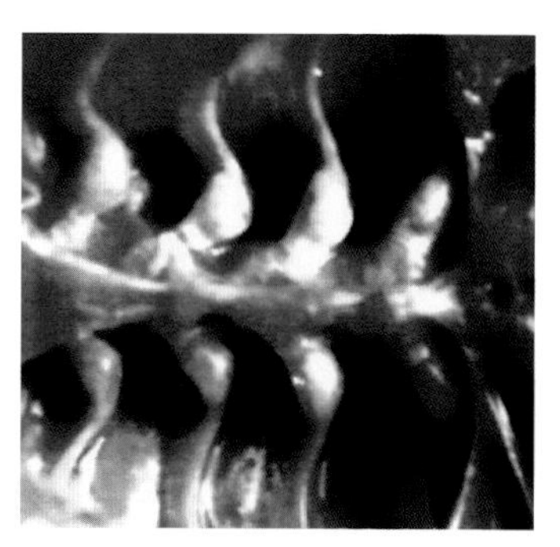

图4-21　肋骨柔软可弯曲

（三）病理变化

病鸡骨骼软化，似橡皮样，长骨末端增大，骺的生长盘变宽和畸形（维生素D_3或钙缺乏）。胸骨变形、弯曲与脊柱连接处的肋骨呈明显球状隆起，肋骨增厚、弯曲，致使胸廓两侧变扁。喙变软、橡皮样、易弯曲，甲状旁腺常明显增大。

（四）诊断方法

根据临床表现以及饲料配比进行诊断。

（五）防治方法

1. 预防

（1）根据鸡的不同阶段的营养标准进行日粮的配合，保证钙的含量和适当的钙磷比例。

（2）添加适量维生素D。

（3）保持鸡的适当运动。

（4）严把饲料的质量及加工配合关，常用的钙补充饲料有骨粉、贝壳、石粉、磷酸钙、磷酸氢钙等，无论用哪一种钙补充饲料，均要以实际的含钙量进行科学的计算，确定准确的添加剂量。

2. 治疗

当发生钙缺乏时，要及时调整饲料配方，同时给予钙糖片治疗，成年鸡每只每天1片，雏鸡为0.25～0.5片，或皮下或深部肌内注射维丁胶性钙0.2～0.5mL。同时，要提高饲料中维生素D的添加剂量，为正常添加剂量的2倍，经3～5天就可收到良好的治疗效果。

十一、维生素A缺乏症

维生素A缺乏症是由于鸡缺乏维生素A引起的上皮组织角质化和角膜、结膜、气管、食管黏膜角质化，干眼病及生长停滞等为特征的营养缺乏性疾病。

（一）病因

（1）维生素A供给不足或需要量增加。

（2）维生素A性质不稳定，非常容易失活，在饲料加工工艺条件不当时，损失很大。饲料存放时间过长、饲料发霉、烈日暴晒等皆可造成维生素A和类胡萝卜素损坏。

（3）日粮中蛋白质和脂肪不足，不能合成足够的视黄醇结合蛋白质去运送维生素A，脂肪不足会影响维生素A类物质在肠中的溶解和吸收。

（4）胃肠道吸收障碍，发生腹泻，或肝胆疾病影响饲料中维生素A的吸收、利用及储藏。

（二）临床症状

雏鸡和初开产的鸡常易发生维生素A缺乏症。雏鸡一般发生在1～7周龄，若1周龄的鸡发病，则与母鸡缺乏维生素A有关。其症状为厌食，生长停滞，消瘦，嗜睡，衰弱，羽毛松乱，运动失调，瘫痪，不能站立；眼睑发炎或粘连，鼻孔和眼睛流出黏性分泌物，角膜混浊不透明，严重者角膜软化或穿孔失明；口腔黏膜有白色小结节或覆盖一层白色的豆腐渣样的薄膜，但剥离后黏膜完整无出血溃疡现象。成年鸡通常在2～5个月内出现症状，一般呈慢性经过。轻度缺乏维生素A，鸡的生长、产蛋、种蛋孵化率及抗病力受到一定影响，往往不易被察觉，公鸡繁殖力下降，精液品质退化，受精率低（图4-22至图4-24）。

图4-22　病鸡羽毛松乱

图4-23　病鸡瞬膜突出

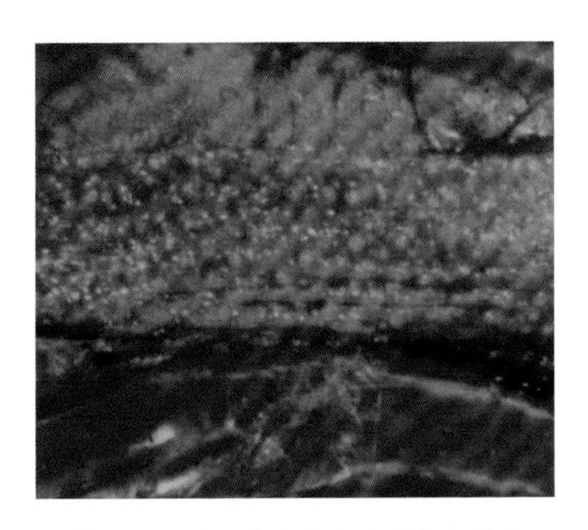

图4-24　病鸡食道内有大量细小结节

（三）病理变化

剖检时，可见到病鸡口腔、咽、食道或鼻腔黏膜上有散在的白色小结节，突出于黏膜表面，有时融合成片，成为灰白色伪膜覆盖在黏膜表面，气管黏膜附着一层白色鳞片状角质化上皮。内脏器官有白色尿酸盐沉积，肾脏、心脏和肝脏等器官表面常有白色尿酸盐覆盖，输尿管扩张1～2倍，胆囊肿胀，胆汁浓稠。雏鸡的尿酸盐沉积一般比成年鸡严重。

（四）诊断方法

剖检可见口腔、咽、食管黏膜上皮角质化脱落，黏膜有小脓包样病变，破溃后形成小的溃疡。支气管黏膜可能覆盖一层很薄的伪膜。结膜囊或鼻旁窦肿胀，内有黏性的或干酪样的渗出物。严重时肾脏呈灰白色，有尿酸盐沉积。小脑肿胀，脑膜水肿，有微小出血点。根据这些病变再结合饲养管理以及临床症状作出诊断。

（五）防治方法

1. 预防

（1）在采食不到青绿饲料的情况下必须保证添加有足够的维生素A预混剂。

（2）全价饲料中添加合成抗氧化剂，防止维生素A储存期间氧化损失；防止饲料储存过久，不要预先将脂溶性维生素A掺入饲料或存放于油脂中。

（3）改善饲料加工调制条件，尽可能缩短必要的加热调制时间。

2. 治疗

已经发病的鸡只可用添加治疗剂量的饲料治愈，治疗剂量可按正常需要量的3～4倍混饲，连喂约2周后再恢复正常。或每千克饲料5 000单位维生素A，疗程为1个月。

十二、维生素B_2缺乏症

维生素B_2缺乏症，又名蜷趾麻痹症、核黄素缺乏症。由于维生素B_2缺乏导致以物质代谢中的生物氧化机能障碍为特征的疾病。多发生于雏禽。

（一）病因

禽类对维生素B_2的需求量大于维生素B_1，而在谷类籽实和糠麸里维生素B_2的含量又低于维生素B_1，日粮中不添加维生素B_2可导致其含量不足；饲料发霉变质导致维生素B_2被破坏；白色来航鸡的维生素B_2缺乏症与遗传因素有关。胃肠道疾病时影响核黄素的转化和吸收。长期饲喂谷类饲料、高脂肪、低蛋白饲料容易造成核黄素缺乏，另外饲料被紫外线照射或其中含有碱和重金属时也可破坏核黄素，而引起维生素B_2缺乏症。

（二）临床症状

雏鸡喂饲缺乏核黄素日粮后，多在1～2周龄发生腹泻，食欲尚良好，但生长缓慢，消瘦衰弱、贫血，羽毛粗糙，背部脱毛，皮肤干而粗糙。有结膜炎和角膜炎。其特征性的症状是足趾向内蜷曲，不能行走，以跗关节着地，展开翅膀维持身体的平衡，两腿发生瘫痪。腿部肌肉萎缩和松弛，皮肤干而粗糙。病雏吃不到食物而饿死。

育成鸡病至后期，两腿分开而卧，瘫痪。母鸡的产蛋量下降，蛋白稀薄，蛋的孵化率降低。如果母鸡日粮中核黄素的含量低，其所生的蛋和出壳雏鸡的核黄素含量也就低。核黄素是胚胎正常发育和孵化所必需的物质。种鸡缺乏维生素B_2可见有死胚，颈部弯曲，躯体短小，关节变形，脚趾蜷曲，水肿、贫血和肾脏变性，卵黄吸收慢等病理变化。有时也能孵出雏，但多数带有先天性麻痹症状，体小、水肿（图4-25）。

图4-25　脚趾蜷曲

（三）病理变化

病死雏鸡胃肠道黏膜萎缩，肠壁变薄，肠内充满泡沫状内容物。有些病例胸腺充血和成熟前期萎缩。病死成年鸡的坐骨神经和臂神经显著肿大和变软，尤其是坐骨神经的变化更为显著，其直径比正常大4～5倍。

受损的神经组织学变化，表现为外周神经干髓鞘变性。可能伴有轴索肿胀和断裂，神经鞘细胞增生，髓磷脂（白质）变性，神经胶瘤病，染色质溶解。

（四）诊断方法

根据脚趾向内弯曲的“卷趾”，严重时呈“劈叉”姿势等症状和坐骨神经肿大，灰白色。外周神经雪旺氏细胞肿大、脱髓鞘、轴突变性崩解可作出诊断。

（五）防治方法

注意日粮配合，添加蚕蛹、啤酒酵母、脱脂乳、三叶草等富含维生素B_2的饲料。白色来航鸡要多添加。发病后添加2～3倍于正常量的维生素B_2片剂或粉剂，并注意添加复合维生素B。严重的病例肌内注射维生素B_2针剂，成鸡每只10mg、雏鸡每只5mg或日粮中添加核黄素20mg/kg，连用1～2周可见效。喂高脂肪、低蛋白饲料时核黄素要增量，低温时要增加，种鸡用量应增加。

第五章 鸡的中毒病

一、痢菌净中毒

痢菌净学名乙酰甲喹，是一种新型抗菌药，为喹噁啉类化合物，具有较强的抗菌和抑菌作用，常用于禽霍乱、鸡沙门氏菌病和鸡大肠杆菌病的治疗。本品对哺乳动物较为安全，对禽类敏感，在使用过程中易导致中毒现象的发生。

（一）病因

1. 搅拌不匀

痢菌净规定用量为鸡每千克体重2.5～5mg，每天2次，3天为1个疗程。一般经拌料或饮水给药，使用方便。往往由于拌料不均引起部分鸡只中毒，尤其是雏鸡更为明显。

2. 重复、过量用药

由于痢菌净原料易得，价格低廉，生产含乙酰甲喹的复方药物较多。有的虽然没注明含乙酰甲喹，实际上确含有该药物。2种含本品的药物合用时加大了痢菌净的用量，极易造成中毒。

3. 计算错误，称重不准确

在使用时未准确称重本药，造成用量过大。有的养殖场（户）在用药时，由于计算上的错误，使用药物加大数倍，结果导致鸡中毒。

（二）临床症状

精神沉郁，羽毛松乱，采食和饮水减少或废绝。头部皮肤呈暗紫色，排淡黄色、灰白色水样稀粪。随后出现瘫痪，两翅下垂，逐渐发展成头颈部后仰，扭曲，角弓反张、倒地抽搐死亡。死亡率多为5%～15%。该病与其他药物中毒不同之处是病程长，持续死亡的时间可达到15～20天；其他药物中毒停药后症状很快消失，死亡随即停止。

（三）病理变化

尸体脱水，肌肉呈暗紫色，腺胃肿胀、糜烂、乳头出血呈暗红色，腺肌胃交界处出血，出现陈旧性溃疡面呈黑褐色。肌胃角质层脱落出血、溃疡。肝脏肿大，呈暗红色，质脆易碎。肺脏出血，心脏松弛，心内膜及心肌有散在性出血点。肠黏膜弥漫性充血，肠腔空虚，泄殖腔充血。产蛋鸡腹腔内有发育不全的卵泡坠落引起严重的腹膜炎（图5-1、图5-2）。

图5-1　腺肌胃交界处出血

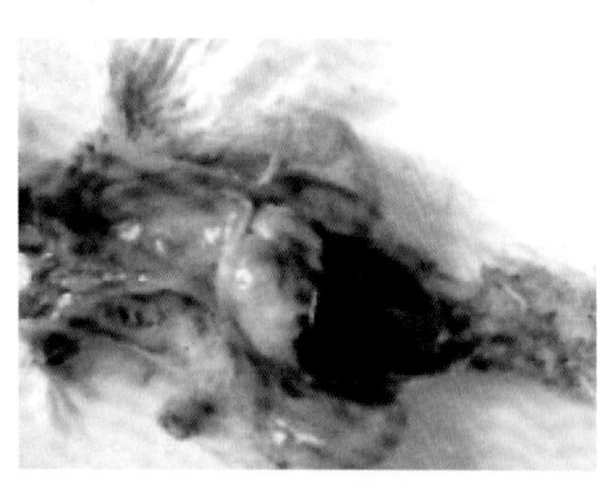

图5-2　肝脏轻度肿大

（四）诊断方法

结合发病史，用药史及剖检变化作出诊断。

（五）防治方法

1. 预防

痢菌净中毒尚无特效解毒药，一旦发生中毒则死亡率高、损失大。应立即停喂超量的痢菌净药物，将已出现神经症状和瘫痪的病鸡拣出予以淘汰。

2. 治疗

（1）在饮水中添加葡萄糖、电解多维等，对缓解其中毒有一定的作用。

（2）每50kg饲料中加维生素AD_3粉、亚硒酸钠VE粉各50g拌料，连喂5～7天。也可在饮水中加复合维生素制剂，连用3天。

（3）引起腹膜炎及并发其他细菌性感染，在拌料中加0.25%的大蒜素，连用4～6天。

（4）中毒鸡群使用5%～8%的葡萄糖和0.04%的维生素C饮水，连用3天。

二、高锰酸钾中毒

高锰酸钾具有消毒和补锰的作用，所以，常用作饮水的消毒和补充微量元素锰。饮水时含量一般在0.01%～0.03%。由于高锰酸钾溶于水后产生新生态氧并释放大量的热量，如果剂量掌握不当，浓度过高或溶化不全，被鸡饮用时则会引起中毒。高锰酸钾对鸡的损害主要是腐蚀鸡的消化道黏膜。

（一）病因

中毒鸡群有饮服高锰酸钾浓度过高的病史。

（二）临床症状

病鸡精神沉郁，口腔、舌、咽部黏膜呈紫红色和水肿，呼吸急促、张口呼吸，头颈伸展横卧于地。浓度过高的高锰酸钾，对胃肠道黏膜有刺激和腐蚀作用，使病鸡腹痛不安，很快死亡。

（三）病理变化

病鸡口腔、舌、咽部表面呈现紫红色，黏膜水肿、湿润，有炎性分泌物，嗉囊壁严重腐蚀，嗉囊下部黏膜和皮肤变黑。高锰酸钾结晶与嗉囊接触部位有广泛的出血，甚至发生嗉囊穿孔。严重者腺胃黏膜也有腐蚀和出血现象，肠黏膜脱落。

（四）诊断方法

病史调查：有口服高锰酸钾溶液的病史。临床特征：口腔黏膜呈紫红色（高锰酸钾的颜色）。剖检变化：消化道有腐蚀和出血。

（五）防治方法

1. 预防

（1）严格控制饮水浓度，如用其高浓度溶液进行消毒时，应防止鸡接触和饮用。在用作饮水消毒时，高锰酸钾溶液宜现用现配，严格按照常规浓度进行配制和应用。饮水时含量应控制在0.01%～0.05%，可连续饮用2～3天，一旦发生中毒，可迅速在饮水中加入2%～3%的鲜牛奶、鸡蛋清、豆汁，供鸡饮用，以保护胃肠黏膜。

（2）如发现有鸡只中毒时，立即停药。充分供给清洁饮水，一般3～5天即可恢复。必要时，在饮水中加入一定量的牛奶或奶粉，以保护消化道黏膜。

2. 治疗

治疗时，用清水洗胃，也可用3%的过氧化氢溶液10mL加水100mL稀释后洗胃，或用牛奶洗胃。可内服硫酸镁、鸡蛋清、油类。保护呼吸道畅通，以免发生窒息。

三、碳酸氢钠中毒

碳酸氢钠俗称“小苏打”，碳酸氢钠可提高鸡的生产性能，抗热应激，维持体内的酸碱平衡，由于用量过大，可引起鸡中毒造成死亡。

（一）病因

大剂量或小剂量长时间应用就会造成鸡肾炎和内脏型痛风。在病理上常发现患有内脏型痛风的鸡，多有服用碳酸氢钠的病史，雏鸡较成年鸡的敏感性高。

（二）临床症状

病鸡表现精神沉郁，呼吸困难，食欲降低，饮水增多，腹泻排水样稀粪，鸡体脱水，体重减轻，若长时间中等程度中毒时，可发生水肿或腹水。

（三）病理变化

病鸡肾脏肿胀，褪色或瘀血，肾小管因含尿酸盐而显著扩张，呈花斑状。肝脏稍肿大，质地较软，呈黄色，有的伴有出血点。心、肝、脾及肠系膜和腹膜上有灰白色尿酸盐沉积，心肌出血，肝有出血点，质脆易碎。嗉囊黏膜脱落。肠道黏膜充血、出血。关节肿大，关节面上有尿酸盐沉积，大脑水肿（图5-3、图5-4）。

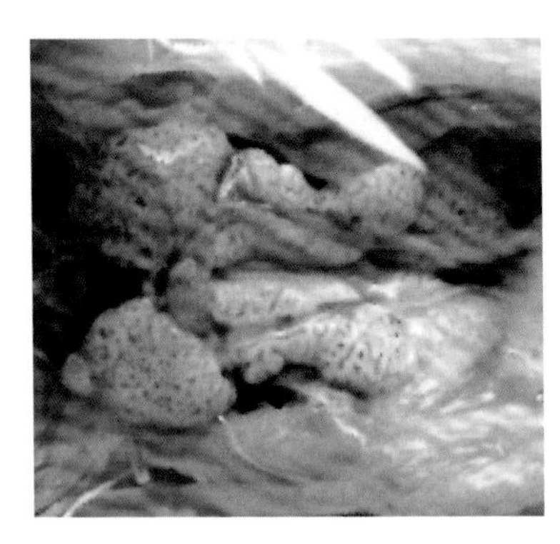

图5-3　肾小管因含尿酸盐而呈花斑状

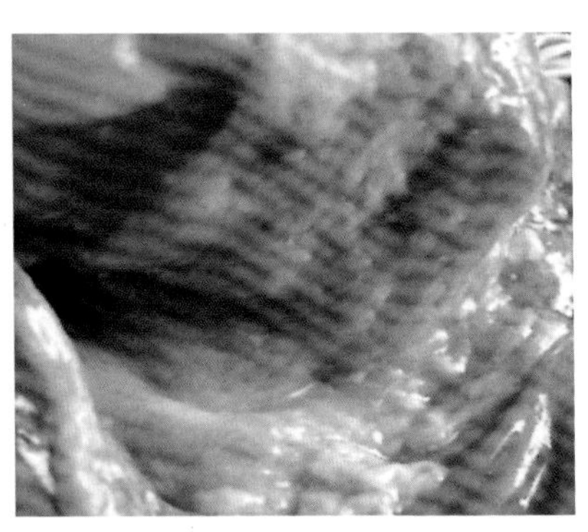

图5-4　嗉囊黏膜脱落

（四）诊断方法

病史调查：有口服碳酸氢钠的病史。

（五）防治方法

1. 预防

在使用碳酸氢钠时，要严格控制剂量，一般情况，在饮水中加入2‰或在日粮中加入4‰，若超过此剂量，则有可能对机体产生危害。

2. 治疗

一旦发生中毒现象，就要给予病鸡充足的饮水，并在饮水中加入1‰的食醋，直至症状消失。

四、喹乙醇中毒

喹乙醇（喹酰胺醇、快育灵、倍育诺），具有抗菌和促生长作用，常用做饲料添加剂，广泛应用。但是其安全范围很小，其纯粉的添加剂量应为0.002 5%～0.003 5%，如超过0.03%即可引起中毒。中毒时可引起血液凝固不良，消化道黏膜糜烂、出血等。

（一）病因

发生中毒主要是用量过大或长期应用，或计算错误。有时可能是饲料厂在饲料中已经添加了喹乙醇，养殖户又进行添加。或是混合不均匀而造成中毒。

（二）临床症状

急性中毒时病鸡表现为突然出现严重的精神沉郁，采食和饮水减少或不吃不喝，动作迟缓，流涎，拉稀粪。有时出现神经症状，兴奋不安，乱跑，鸣叫，呼吸急促，最后抽搐死亡。慢性中毒时表现为拉稀粪，脚软无力，零星死亡。病鸡冠髯暗红或紫黑色，喙和趾呈紫红色脱水，眼球下陷（图5-5、图5-6）。

图5-5　病鸡眼球下陷

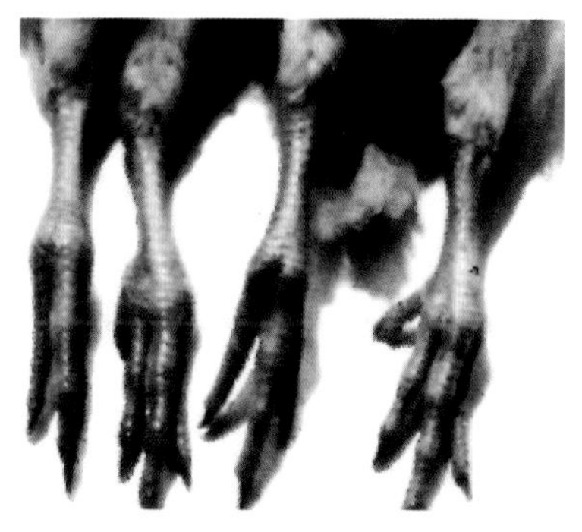

图5-6　病鸡趾部呈紫红色

（三）病理变化

病鸡口腔黏膜、肌胃角质膜下有出血斑点，十二指肠黏膜有弥漫性出血，腺胃和肠黏膜糜烂。心外膜有出血点，肝、脾、肾脏肿大，质地脆弱。腿肌、胸肌有出血斑点。

（四）诊断方法

根据症状和病理变化，结合用药情况调查或饲料化验可以确诊。

（五）防治方法

严格控制喹乙醇用量，市售有原粉和预混剂，预混剂含量为5%。使用时促生长用量为100kg饲料加入原粉25～35g，5%的预混剂加入50～70g；治疗时100kg饲料加入原粉4～8g。最长使用时间不能超过20天。混合要均匀。也可在饲料中添加氯化胆碱，保护肝、肾，缓解药物的副作用。

一旦发生中毒，立即停止用药和混有药物的饲料。供给5%的硫酸钠水溶液，饮用1～2天，然后供给5%的葡萄糖水或0.5%的碳酸氢钠水及适量的维生素C。

五、磺胺类药物中毒

磺胺类药具有抗菌谱广，性质稳定，便于保存，内服吸收迅速，可以透过血脑屏障，又具有抗原虫作用，价格便宜等优点，因此，兽医临床上广泛应用。但是如果不规范使用，用量过大、时间过久，或家禽肝、肾功能不全，或缺乏维生素B族、维生素K等情况下可发生中毒。临床上表现为神经症状、厌食、贫血等，病理特征为广泛出血，肝、肾功能障碍等。

（一）病因

磺胺类药物常用于治疗多种细菌性疾病和球虫病，如果用量过大或长期使用可发生中毒。由于当前兽药市场混乱，药品标示含量与实际含量不符，按标示量用药达不到应有效果，用户往往自行加大用量或延长用药时间，这样可能发生中毒，同时，可能导致细菌或原虫产生耐药性。另外，药品名称混乱，标示成分与实际也不符合，致使用户多重用药而使磺胺类成分超量，发生中毒；当家禽肝脏或肾脏功能不全时使用磺胺类药，或缺乏维生素B族、维生素K的情况下使用磺胺类药物也可发生中毒；不同品种和年龄对磺胺类药物的敏感性不同，使用时应做相应调整，否则，也可能中毒。

（二）临床症状

磺胺类药物急性中毒时的主要症状是：初期厌食或废食，精神沉郁，随后出现兴奋，惊厥，肌肉震颤，共济失调，呼吸困难，张口喘气，短期内死亡。慢性中毒时表现为厌食，冠髯苍白，羽毛松乱，消瘦，排出灰白色稀粪，产蛋量下降，有破蛋和软蛋，蛋壳粗糙褪色。

（三）病理变化

病死禽表现为皮下、肌间、心包、心外膜、鼻窦黏膜、眼结膜出血。胸肌、腿肌有弥漫性出血斑点或呈涂刷状出血。肌肉苍白或呈半透明淡黄色。血液稀薄，凝固不良。骨髓变黄。肝脏肿大，瘀血，呈紫红色或土黄色，有少量出血斑点。或有中央凹陷深红色坏死灶，坏死灶周围呈灰白色。肾脏肿大，呈灰白色，肾小管和输尿管内充满尿酸盐，使肾脏呈花纹状（花斑肾）。腺胃肌胃交界处有陈旧出血条纹，腺胃黏膜和肌胃角质膜下有出血斑点（图5-7至图5-10）。

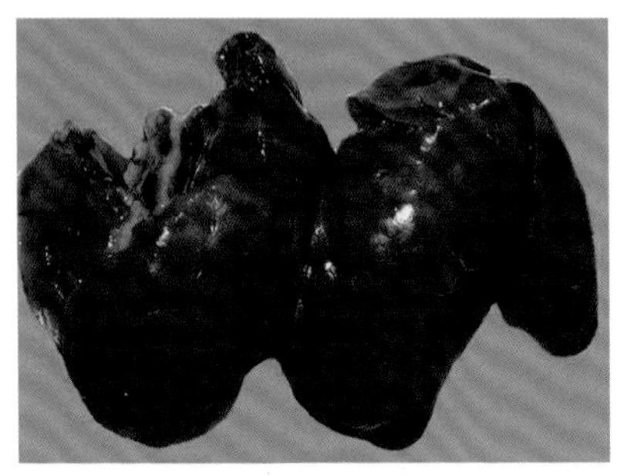
图5-7　肝脏肿大，瘀血

图5-8　心肌呈涂刷状出血

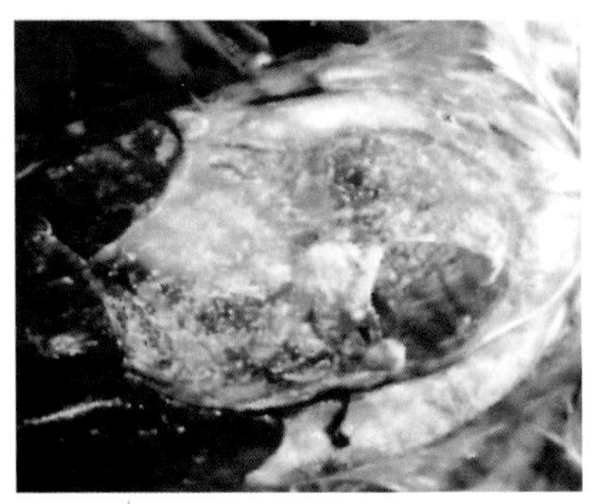
图5-9　肝脏和腹膜上多量尿酸盐沉积

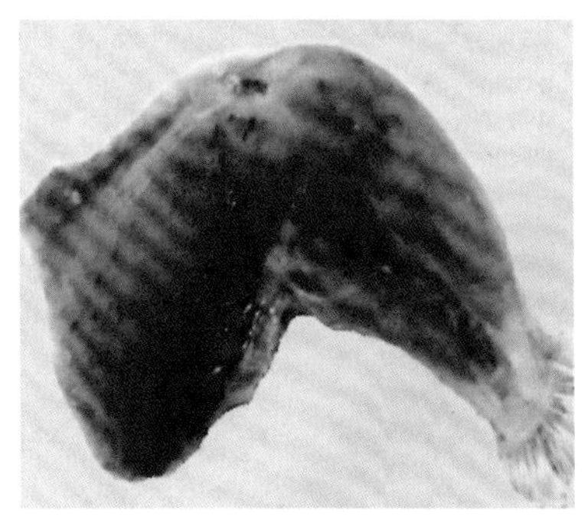
图5-10　腿部肌肉出血

（四）诊断方法

根据症状、病理特征和用药史即可确诊。

（五）防治方法

（1）用药时注意适应证，掌握好剂量和用药时间，一般磺胺类药物疗程不超过7天。拌料投药时混合要均匀。投药期间要配合等量的碳酸氢钠，同时，给予充足的饮水。

（2）对1周龄内的雏鸡、体质弱的鸡和开产的鸡慎用磺胺类药。

（3）发生中毒时应立即停止给药，供应充足饮水，水中加入1%～5%的碳酸氢钠，同时，饲料中添加维生素C（0.5～1.0g/kg）和维生素K_3（0.5mg/kg），连用5～7天。

六、黄曲霉毒素中毒

黄曲霉菌广泛存在于自然界。黄曲霉毒素是黄曲霉、寄生曲霉、和软毛曲霉的一种代谢产物，目前黄曲霉毒素及其衍生物有20多种。玉米、大豆、花生、豆饼、花生饼等粮食易繁殖黄曲霉菌，产生黄曲霉毒素，它们都有致癌作用。当鸡食入了被黄曲霉毒素污染的饲料、垫料时极易引起中毒。

（一）病因

（1）饲养过程中饲喂发霉变质的饲料。饲料原料价格升高导致饲料成本增加，很多饲料厂使用玉米蛋白粉、花生粕、小麦、次粉等替代饲料中的能量和蛋白质，这类物质黄曲霉毒素含量多数超标，加上黄曲霉毒素之间的累加作用，使用这些原料生产出的成品饲料其黄曲霉毒素严重超标，鸡食后肯定要发生相关的黄曲霉毒素中毒症状，这是肉鸡普遍发生该病的最主要因素。

（2）目前的养殖场对黄曲霉毒素的问题认识还不够深，视而不见，防控意识淡薄。

（3）地面平养鸡垫料发霉、网养鸡料塔中的底料发霉。

（4）种鸡感染黄曲霉毒素或者孵化器被黄曲霉菌污染，垂直传播给后代的病例在临床上处理较为棘手。

（二）临床症状

雏鸡多为急性中毒，多发于2～6周龄，表现为厌食，双腿无力，生长不良，贫血，冠苍白，排白色或血色稀粪，全身皮下出现点状出血或斑块状瘀血，死亡率较高。成年鸡较雏鸡耐受性强，慢性中毒时，症状不明显，主要表现为食欲减少，消瘦，衰弱，贫血及恶病质。如果病程较长可发生肝癌。产蛋鸡则产蛋量下降，蛋孵化率低。

（三）病理变化

剖检肝脏呈特征变化：急性中毒肝大，色苍白变淡，有出血斑点；慢性中毒可发生肝硬化和肝癌（图5-11、图5-12）。

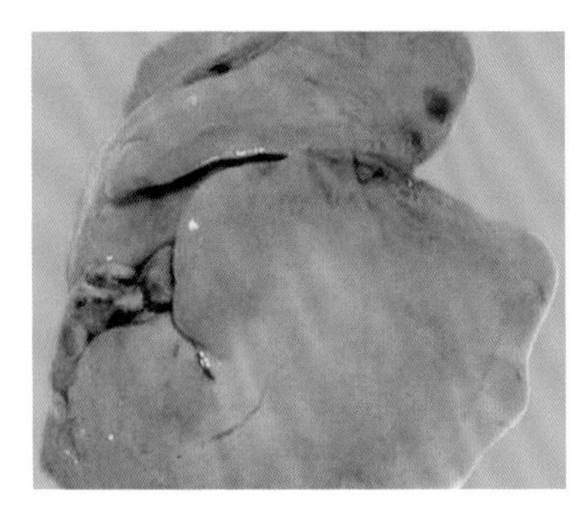

图5-11　肝脏肿大、色黄

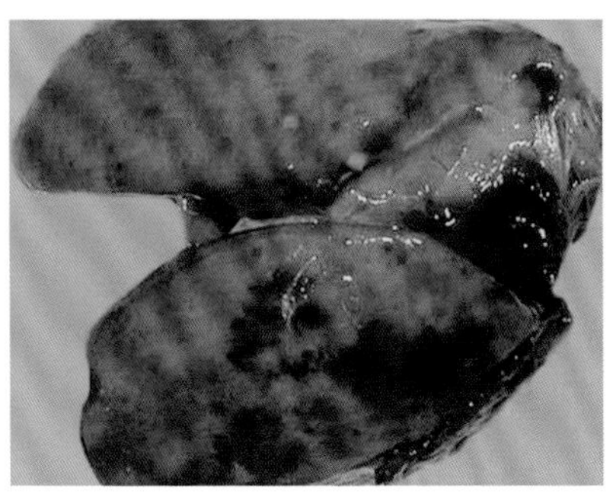

图5-12　肝脏质地变硬，见有出血斑点

（四）诊断方法

依据病史、病理变化、症状可作出初步诊断。确诊必须参考病理学特征变化及黄曲霉毒素测定的结果。

（五）防治方法

1. 预防

该病尚无特效解毒药物，主要在于预防，包括不喂霉变饲料，特别是潮湿多雨的春季要注意防霉。如仓库被污染，可用福尔马林熏蒸法消毒。

2. 治疗

如已发现中毒，立即停喂发霉的饲料。对发病鸡应用制霉菌素，成年鸡用3万～5万单位拌料，连用3天。同时，可饮用葡萄糖、维生素C和多维素水溶液，增加多维素、微量元素、蛋白质及脂肪在饲料中的含量，同时，治疗并发性疾病。大多数黄曲霉毒素中毒的鸡在提供无污染的饲料后能很快恢复。

七、喹诺酮类药物中毒

喹诺酮类药物是一类广谱、高效、低毒的抗菌药。喹诺酮类药物在临床治疗中已成为很多感染性疾病的首选药物，使用频率仅次于青霉素类。由于生产中的超量应用常导致以神经症状与骨骼发育障碍为特征的中毒。

（一）病因

（1）搅拌不匀。喹诺酮类药物一般经拌料或饮水给药，使用方便。往往由于拌料不均引起部分鸡只中毒，尤其是雏鸡更为明显。

（2）重复、过量用药。

（3）计算错误，称重不准确。在使用时未准确称重，造成用药量过大。有的养殖场（户）在用药时，由于计算上的错误，使用药物加大数倍，结果导致家禽中毒。

（二）临床症状

大群精神不振，垂头缩颈，眼半闭或全闭呈昏睡状，羽毛松乱，无光泽，采食、饮水下降；病鸡不愿走动，双腿不能负重，匍匐卧地，刺激有反应，但不能自主站立，多侧瘫，喙趾、爪、腿、翅、胸肋骨柔软，可任意弯曲，不易断裂；粪便稀薄、呈石灰渣样、中间略带绿色。

（三）病理变化

肝脏肿胀，呈土黄色，腺胃浆膜面、切面及黏膜面皆呈灰黑色，分泌物也呈黑褐色，两胃交界处黏膜糜烂，肌胃角质膜黑染、黏膜溃疡出血，前段十二指肠浆膜面呈灰黑色，十二指肠黏膜弥漫性出血、肠内容物呈黑色污泥状，肺脏、心脏、脾脏、肾脏出血。

（四）诊断方法

诊断该病时除结合症状及剖检变化外，应有使用喹诺酮类药物的病史。

（五）防治方法

1. 预防

（1）准确计算喹诺酮类药物的应用剂量，严格按每种喹诺酮类药物规定的浓度和疗程使用。

（2）将饲料和饮水中的药物混匀。

2. 治疗

当发生中毒时，应立即停止饲喂含喹诺酮类药物的饲料或饮水，对中毒鸡采取对症治疗，可用3%的葡萄糖饮水，同时，给病鸡使用维生素C制剂。

参考文献

陈怀涛. 2005. 兽医病理学[M]. 北京：中国农业出版社.
陈万选. 2014. 兽医快速诊断指南[M]. 郑州：河南科学技术出版社.
刘建柱，牛绪东. 2015. 图说鸡病诊治[M]. 北京：机械工业出版社.
罗长荣. 2015. 畜禽主要疾病防治技术[M]. 成都：四川科学技术出版社.
吕荣修. 2004. 禽病诊断彩色图谱[M]. 北京：中国农业大学出版社.
王新华，银梅. 2002. 鸡病诊治彩色图谱[M]. 北京：中国农业出版社.
阴天榜. 2004. 新编畜禽用药手册[M]. 郑州：中原农民出版社.